无所畏惧

如何实现情绪疗愈和内心平静

蕾雅·盖伊——著

孙静静——译

中国工人出版社

{ 目录 }

{前言}

我们每个人都会经历一个具有关键意义的事件。这件事会将你逼入绝境，摧毁你的生活。这样的事情可能不止一件，但是，通常来讲，其中将有一件事会让你永生难忘，心怀恐惧，让你面临生与死的抉择。活下去或者死去，你做出的选择将决定你如何度过余生。

23年前，我惶惶然地走进了伯明翰警察局。我的衣服肮脏不堪，身体极度疲累，情绪完全崩溃。我当时就是一具“没有灵魂的躯壳”，对外界发生了什么一无所知。我记得自己在一个电话亭里蹲坐了下来，告诉父母发生了什么事。我感觉这一切都像是在演电影，我永远都不会想到这种事情会发生在我身上，永远也想不到自己会打这个电话。两天前，我被强暴了。

两天以前，我还是一个在校大学生，做着一份不错的兼职，有一个摇滚歌手的男朋友。而现在，我极度焦虑、愤怒和消沉，近乎绝望，接近发狂，我的世界完全崩塌了。

我的成长历程充满了各种戏剧性和不幸的经历，包括患有焦虑症、父母离婚、姑妈被杀以及罹患进食障碍。有时候，我们不会立即处理那些负面的事件，以避免面对消极的情绪。这在一段时间内可能是有效的，但是，在某一时刻，某件事会引爆所有的消极情绪。

被强暴后，羞愧、自责和恐惧席卷了我的身心。我无法辨认出那个年轻、宝贵的自我。是我的问题吗？我做错了什么吗？接下来怎么办？这是我第一次经历这样悲惨的事件，它把我逼入了绝境。我花了很多年、经过了无数次的心灵探索，才找回了生命的重心。

我不得不面对我被袭击这个事实。那天是万圣节，我还记得自己跑回举行派对的地方大声呼救，叫喊着。我的经理——艾伦——把我拖进了林子强暴了我。我的样子完全说明了我的遭遇：丝袜被划破了，一只还从里向外翻了出来，下体也被撕裂了，丝袜的松紧带上还留有精液，头发里夹杂着树叶，肋骨和腹股沟都受了伤。我在朋友的公寓里睡了两天。

当我醒来以后，生活还得继续。我正式报案了。但是，由于种种原因，案子并没有得到公正的审判。庭审非常艰难，我几乎没有力气抬起头，更不用说要对抗腐败的司法制度了。

我害怕极了，已经无法正常生活。我退了学，辞了工作，与男友分了手。我极度恐惧和绝望，当我试图分析所有事情，想要找到出路的时候，大脑就会被焦虑和耻辱填满。我已没有了尊严，于是我收拾好行李，回到了家乡——亚特兰大，肯塔基州。我想也许我的一部分还保留在那里。感谢老天，我的灵魂还在。发生了如此可怕的事情，它逼我必须在生与死之间做出选择，这也才有了今天作为疗愈者的我。

情绪疗愈与身体治疗类似。疗愈需要一个安全、干扰少、充满爱的场所。我回到家之后，我的爸爸每隔一个小时就会来看看我；晚上下班回家，他会坐在床边，轻抚我的头。他宽慰我说一切都会好起来的，尽管我们都清楚我的情况很糟，我的某一部分想逃离这个世界。

刚开始，我采取了传统的疗愈方法，服用抗抑郁药，进行谈话疗法，阅读自助手册，转移注意力。我暗自希望有一个人可以帮助我摆脱这一切，比如，出现一位白马王子。在爱情方面，我毫无判断力。我变得盲目冲动，向所有可以让我感觉良好的人寻找认同。我和一个非常不错的男人结婚了，但是我的情感创伤摧毁了我们的婚姻。我的丈夫无法治愈我的伤痛，什么也治愈不了我。

我陷入了一场拉锯战，绳子的两头分别是我的灵魂和人性。我的灵魂想要我回应我的情绪；而人性那面却想要逃离痛苦，逃离这个世界。我需要做什么才可以摆脱痛苦，不需要重复这个梦魇？我慢慢开始关注情绪，而不是想法，逐渐懂得了转移情绪。在那些喧哗的夜晚，我试图逃离痛苦、孤独和羞愧。而每天早晨醒来，我都知道自己选错了方向，但是精神的决心却越来越强。我不再关注那个伤害了我的人，我只想要生活步入正轨。

我的疗愈之路是从研究开始的，我同能量疗愈师交谈，学习古代的灵修传统和身心疗法。观察自己的情绪是一个艰难和充满恐惧的过程，但是好的结果开始显现。冥想和培养直觉让我精神稳定，同时也让我了解了能量医学。随着疗愈成果的显现，我重拾了信任和信心，并且能够听到自己内心的声音了。在疗愈的过程中，我发现了自己在疗愈方面的才能。我与自己重新建立了连接，生活也开始朝着积极的方向转变。

我的幸福之路是在23年前开始的，我将这些基本原则——情绪疗愈、身体运行、瑜伽、呼吸、有机营养和冥想——都写在了这本书里，它们融入了我的生活以及我疗愈他人的工作中。

作为一名疗愈师，我有机会帮助他人改变和成长。许多人认为疗愈师拥有魔力，事实上并不是。疗愈师只是帮助他人成长的能量媒介和咨询顾问。我相信，疗愈师可以帮助他人实现转变。

根据我的观察，当我们愿意接受疗愈时，我们就已经开始成长。我们会发现生活是服务于我们的，而不是与我们对抗的。

什么是情绪疗愈

我们都在经受痛苦，希望感觉可以更加良好一些。痛苦不仅来源于负面的情绪，压抑负面的情绪同样会引起痛苦。无所畏惧之路可以帮助我们最大化地实现幸福与平静。

从某方面来讲，负面的情绪几乎会妨碍一切事情。如果内心处于混乱的状态，我们就无法很好地完成工作，无法专注于某一项任务，或者与他人进行良好的互动。这时，生活就像表演杂技，我们需要不断地在生活的需求和身体、精神以及情感的需求之间进行平衡。而持续的情绪疗愈可以让我们更好地管理人际关系，更加专注，更有效率，更好地完成目标，获得更多的成就感，同时减少情绪波动。情绪健康同身体健康一样重要，它会增加我们对生活的满足感。

情绪疗愈是自我与灵魂的连接。

你内心深处的声音也许提醒过你，有些事情不对劲儿，或者你缺失了某些东西。这个声音可能是通过羞愧、焦虑、恐惧或抑郁这些情绪给了你提醒，它渴望完整，渴望与灵魂连接。实现自我关爱的根本方法是将自己的过去与现在进行连接，并且摒弃羞愧或自责的情绪。连接即自强，力量和爱存在的地方一定有行动和无畏。

克服恐惧、接受疗愈并不容易，因为恐惧是所有情绪中最会伪装的“变色龙”。恐惧可以改变形状，更换颜色，掩盖我们真实的情绪，例如，激动、孤独、期待、忧伤、愉悦、难过以及羞愧。不论恐惧以何种形式出现，它都会阻碍你释放其他情绪。你可能天性沉静，但还有一种可能是，在你小的时候没有人听你讲话，所以你不够自信，害怕表达。正是由于恐惧，你才无法打破这个循环，无法确认自己的价值，无法让他人听到你的声音，无法被爱。

在生活中，我们无法掌握的事情只占少数，但就是这些少数事情让我们活在恐惧之中，并逃避它们。它们包括：死亡、拒绝、痛苦以及他人的反应。一部分人寄希望于救赎，结果发现他们只能被绝望吞噬。

在处理生活中负面的、消极的情绪时，我们总是想要逃离痛苦或与痛苦分离。然而，分离会切断自我与灵魂的连接，并破坏思想、行为和真实情绪。自我与灵魂不同，至少在本书中是有差异的。自我是人性，包含身体、思想和精神。灵魂则是永恒的那一部分，可以容纳自我的生命导体，生活的指挥者。

自我与情绪分离，也就意味着与灵魂分离。这就好比是受限的大脑对自我的一种保护形式。灵魂渴望获得连接和情感，而情绪则是灵魂的本质表达。灵魂通过情绪判定和传递经验，但是我们却逃避情绪，尤其是那些负面的情绪，从而逃避痛苦。

本书为我们提供了一个很好的视角。疗愈意味着完整，而想要实现完整，我们必须修补破碎的自我，而不是破坏自我。我们需要连接而非分离。

这样做的目的是，我们可以成为完整的、全面发展的人，可以听从自己内心的意见，可以继续成长。而正是因为痛苦才让这一切成为可能。我们必须克服逃离负面情绪或记忆的冲动，学会温柔地处理它们，带着关爱与理解，完全地接纳它们。

疗愈使我们的内心与精神连接，自我与灵魂重新连接。我们拥有实现自我的所有东西。

每个人的人生经历都是独特的，所以我们的疗愈之路也各不相同。但是，我们的情绪却是共通的和可被共鸣的。不论你经历了什么样的苦难，其他人都可以相对准确地识别出你的痛苦。我们永远无法完全逃避苦难，因为苦难就是生活的一部分。然而，我们可以通过暂时地与自身断开连接、分离、分散注意力和找替代物以避免掉进情绪陷阱中，但抗拒痛苦或是否认经历并不是好的办法。

世界上并没有轻易摆脱痛苦的方法，也没有快速逃离痛苦的捷径。疗愈的过程中需要爱，没有占有，只有接纳；没有仇恨，只有原谅；没有分离，只有对自我与灵魂的依恋，这包括我们一生中所有的经历以及情绪。这是一条通向无所畏惧的道路，爱将在这里降落。这也是我们实现平静生活的根本方法。

这本书介绍了有关恐惧和焦虑的知识，我认为，恐惧和焦虑是创伤后情绪障碍（PTED）的常见症状。创伤后应激障碍（PTSD）是指遭遇过可怕的、令人惊恐或危险经历的个体所发展出的一种心理障碍；而创伤后情绪障碍指的是个体在遭遇过对生活有重大影响的事情后所产生的负面的或消极的情绪。患有创伤后情绪障碍的人在情绪受伤或感到痛苦很长时间后，仍然倍感煎熬，因为他们不知道如何正确处理这些情绪。而情绪疗愈可以帮助我们与当前真实的情绪相处，而不必去回应那些可怕的经历。

情绪疗愈的一个主要方面就是对自己的情绪和幸福负责，而不是对他人的问题负责。我们接受生活中那些困难的事情，使之成为自己生命的一部分。有些事情改变了我们的生活，但是它们并没有定义我们的生活，承认这一点需要成熟的心智。我们无须放下过去，可以带着过去继续前行。

疗愈没有终点，它是一个过程。在今天这个“速成”的时代，人们看到“过程”二字就退避三舍。疗愈的“进行时”特征让它看起来没有终点，事实上也确实如此。一些人恳请医生给他们开药以减轻情绪折磨或精神折磨，从而跳过疗愈这个过程。我在这里邀请你与我一起迎接更加丰盛的生命、更加彻底的改变。疗愈需要勇气和一个全新的方向。接受疗愈，观察生命的变化；学会疗愈，你可以获得慰藉。这本书介绍了实现自我关爱和平静道路上所需的工具、洞察力以及方法。

疗愈是一项艰巨的任务，本书将引领你度过那些痛苦的情绪，教你采取适当的方法，从而变得更加强大。

> 发生在我身上的事情并不能定义我，我会成为我选择成为的人。
>
> ——卡尔·荣格

如何使用本书

本书指出了在生活中引起我们情绪不稳定的各种情形，并介绍了恢复情绪健康的方式。通过不断实践，我们的思想与精神会越来越完整。我开始疗愈并感受到生活的变化是在了解了能量系统及其与生命的切实联系后。知识中存在着力量。对这一古老的智慧的基本了解也能让你受益，并将所学到的东西运用到疗愈中。

生活经验会通过能量模式在脉轮中反映，脉轮是身体的中心，那里蕴藏着我们的精神力与能量流。由于我们需要面对不同的经历，所以我们的身体和能量也会根据我们的情绪、思想和习惯发生变化。正如我们的情绪和经历会发生变化，我们的脉轮的能量也会产生波动。通常，我们都会找到其变化的模式。每一个脉轮或能量中心，分别掌管着我们的身体、脑力、情绪和精神，它们共同作用以确保我们健康、完整、平衡。

能量有时会收缩、静止，甚至是被压制，而有时又会过度充盈或被滥用。不同的模式对身体和情绪的影响也不相同。本书会帮助你更好地理解那些引起阻塞、失衡和疾病的模式，以及这些模式是如何创造自由、自我关爱以及平静的。本书共分为七章，每一章介绍一个脉轮，从整体的角度指导读者进行疗愈，内容涉及情绪、脑力和能量。

本书还将介绍由于情绪处理不当和能量失衡引起的强迫症、进食障碍、肥胖症以及其他疾病是如何产生的。此外，本书还介绍了情绪疗愈和纠正能量失衡的各种方法，包括精神练习、冥想以及情绪训练。然而，并不存在可以让你立即疗愈的魔法棒，尽管我很喜欢魔法棒！如果你按照书中的方法实践，你将在疗愈的路上取得重大的进步。

从本质上来讲，疗愈需要行动，也需要精神的力量。掌握连接的根本原理以及心灵绘图、冥想和情绪训练等方法，可以为你提供一个强有力的框架。请将这些方法列入你每天或者每周的计划里。正如体育锻炼可以让我们保持体形和健康，情绪训练可以让我们拥有健康的精神和情绪。这些方法不仅是关于情绪的，还有关于身体的，都很有趣味性，有的具有一定的难度，但发人深省，总之，一切的努力都是值得的。

在阅读本书的过程中，我建议你准备一个日记本，用来记录训练的结果、所思所想以及在情绪和心灵方面的成长。请将注意力放在所有可以连接能量的健康训练中，并对当下保持专注。积极的意图对疗愈很有帮助。

心灵绘图是我提出的一个方法，以帮助人们在痛苦与内心的纯净之间实现疗愈和找到意义。为了体验纯粹的自我关爱，我们必须发现现实（包括不愿面对的消极情绪）与灵魂的渴望之间的连接。这二者之间存在着某种基于恐惧的选择或行动。在这个过程中，我们需要带着同情心和爱来接纳现实。心灵绘图无关评判或责难，同时也无关吸引力法则或法术。它只是清楚地记录了你在此之前的情绪、选择以及行为。绘图的内容是自我施加的痛苦，而不是外界带来的痛苦。

心灵绘图可以让我们有一个新的视角来看待生命，它要求直面内心。绘图可以将问题呈现出来，例如，由于自责引起的上瘾，或对抛弃的恐惧而引发的孤独。你可能由于很久以前对自我价值的判断，现在做着一份并不满意的工作，或者陷入了一段糟糕的关系中，在你不断追问自己内心的过程中，绘图可以帮助你遇见平静和自由。

每一小节的结尾都会介绍一个脉轮的基本信息，以及帮助你平衡、加固各能量中心以及思想的冥想方法。需要注意的是，这些内容并不是治疗方法，不能替代对情绪或身体的自我关爱。

本书中提及的人物和故事都是真实的（名字为化名），希望可以为你在疗愈之路和整体意识转变的路上提供灵感和鼓励。当你发现自己并不是一个人时，可以获得一些安慰和鼓励。通过运用本书介绍的方法，我已经实现了平静和平衡，摆脱了上瘾、欲望、焦虑以及愧疚的折磨。我并不完美，但是我是完整的。自我与痛苦分离的战争不再上演，我希望能够帮助你结束这场战争。

我真心希望，本书可以点燃你对自我关爱和内心平静的渴望。让我们一起开始疗愈之旅吧！

第一部分

Chapter 1

发 现

存 在

每件事物的背后都有一个神圣的目的——因此在每件事物中都包含着一个神圣的存在。

——尼尔·唐纳德·沃尔什

里奇已经快五十岁了，长得非常英俊，但是脸上却显得饱经风霜。他身上有一股烟味和酒气。他多年来一直无家可归，整天就在街上流浪。我们坐在门口的阶梯上说着话。他思维敏捷、心胸开阔，急切地想说出自己的故事。里奇原来是一位艺术家，多家博物馆都有展出他的作品。他说如果有可能的话，他想搭便车去看看自己的作品，以提醒自己是谁。我问他怎么会流落街头。一位极有才华的人过着如此窘迫的生活，这太奇怪了。里奇说他犯了一些错误——这些错误让他的婚姻破裂，和女儿的关系也不太好，失去家庭的痛苦让他难以承受。失去了重建关系的可能，他对自己失望极了。于是，他开始酗酒，从一天到一周，再到几个月，他越来越绝望，无法专心工作，找不到生存的意义，也找不到自己的灵魂。最终，他变得无家可归。

随着谈话的深入，我们俩的眼睛都湿润了，里奇意识到他的内心还有爱，还有很多事情可以做。他想改变，想要过上充满爱意和自由的生活。他的脆弱触动了我，我给了他一个深深的拥抱，他也拥紧了我。

几个月后，我在路边看到了里奇，他在我非常喜欢的一家商店附近经过。他衣着整洁，气色不错，走路也非常轻快的样子。我把车停下来与他攀谈，他告诉我，他现在在那家商店工作，言语间流露出骄傲。他戒了酒，开始与女儿联系，还租了一间公寓。打开心结，重新信任自己，这非常需要勇气，但是这一切都有了回报。现在，他的眼神里充满了生命力、希望和幸福，而就在几个月前，这双眼睛里只有空洞和绝望。里奇从绝望中重新活了过来。他的故事总是能给予我力量。

里奇的故事是一个自我救赎的故事，一个凤凰涅槃的故事，一个浴火重生的故事。他的故事展现出的可能性和力量是我们所共同渴望的，这或者也是你阅读本书的原因。不论你经历了什么样的痛苦，犯了什么样的错误，你的内心告诉自己，你想要重新站起来，与自己的灵魂和谐相处。你不想继续痛苦下去，你想要好好生活；你想找到“出路”，想要实现自我关爱和内心平静。

我们多数人都是被时不时出现的绞心的情绪所带来的疼痛给打趴下了。更常见的情绪是焦虑、难过、恐惧、沮丧和低自尊。通过药物来医治精神疾病与行为障碍的人数多得令人震惊。在美国，几乎有一半的人口都有一定程度的焦虑和抑郁。这将花费数百万的医疗费用，个人的代价则是不断减少的收入与幸福，甚至在很多情况中，是以生命为代价的。其实他们应该有更好的出路。

要实现疗愈和幸福，就需要与灵魂、内心以及经历保持连接。你会因此变得越来越强大，觉得自己越来越完整，不用生活在软弱与恐惧中了。里奇在流落街头的时候，做出了与自己的内心重新建立连接的决定。你可以在办公室或者卧室里，决定自己与爱、自我和生活重新建立连接。

想要重新生活、成长或感受，这是来自灵魂的感召。停止对自己的折磨，或在全世界抛弃自己的时候浴火重生，这是我们与生俱来的渴望。我们带着势不可当的精神来到这个世界，每个人都肩负着强烈的使命感，这才是我们的真实本性。做不到这一点，就说明我们的信念受到了限制。

做人的恐惧与真相

我们都了解恐惧，知道它的样子、它给人的感觉，甚至它接近时的味道。我们认为恐惧控制了我们，但事实上，我们才是恐惧的主人。很久以前人们认为，我们制造了恐惧，我们就应该感受它。除了对改变和死亡的恐惧，我们多数人还恐惧自己的情绪，于是我们想要消除情绪。而这种失败的尝试让我们更加苦恼。

> 我们畏惧自己的感觉超过了暴力。个人的、隐秘的、孤僻的疼痛比其他任何事都更可怕。
>
> ——吉姆·莫里森

从小时候开始，我们就必须面对被抛弃、挨饿、缺乏关爱、不够优秀甚至是鬼怪的恐惧。我们很早就知道什么会让我们感觉不好，并学会逃避让我们“感觉不好”的经历。于是，我们给自己穿上了一件隐形斗篷，以保护我们的情感不受伤害。

恐惧不仅会影响我们的思维，还会降低我们的幸福感，阻碍我们潜能的发挥和真实地生活。它强大的力量让我们止步，让我们放弃希望和梦想。它让我们上瘾，它能孤立我们，甚至打败我们。它会破坏我们的关系，甚至会剥夺关系。它可以吞没我们爱的能力，同时遏制我们真实的情绪。

来到我工作坊的人多数具有情感受到创伤的症状，例如，焦虑、孤独、懊悔、悲痛、恐惧、皮肤问题、压力以及失眠。

他们陷入困境，感到不幸福和恐惧的情绪影响着身体里的每一个器官。

如果你想拥有一个平静的生活，首先需要面对因改变而产生的恐惧。恐惧会出现在所有积极的自我改变的道路上。恐惧将自我成长视为对手，傲慢地命令我们继续肤浅地生活，保持渺小，停留在困境中。如果有什么可以学习的道理，那就是在我们人生的每一个关键节点，爱与恐惧必有一场较量。

请将恐惧视为疗愈的向导。恐惧是我们改变的警钟，而改变需要行动；恐惧提示我们，隐形的斗篷之下潜藏着更为严重的问题。焦虑与恐惧的面具之后，必有尚未解决的情绪，而我们必须发现这个情绪。

恐惧是最伟大的老师。

如果你不确定恐惧的存在方式，那么请参加以下特征：

自我怀疑	负向归因
焦虑	陷入困境
害羞	失望
逃避	嫉妒
进食障碍	完美主义
上瘾	借口

控制问题	感到困惑
强迫症	孤立
缺乏意志力	不满
抱怨	恐慌

情绪困扰有多种表现形式。如果上述症状反复出现，那么你可能已经感受到了潜在的恐惧，或者将恐惧当作了逃避的借口。这里并没有评判，我们都具有上述某些症状，重点是意识到恐惧的存在，了解到它要么会阻止你的脚步，要么会帮助你前行。

根轮

所有恐惧的根源在于我们与本源失去了连接。

根轮是能量系统的第一个脉轮，它位于耻骨附近，能量由此经由双腿到达地面。根轮是其他脉轮的根基，它的良好运行对健康和精神稳定具有十分重要的作用，保持身体平衡以及与大地连接是非常重要的。从能量角度来讲，这同样适用于根轮的打开与平衡。恐惧会堵塞根轮，引起根轮失衡。本章所介绍的情绪训练有助于平衡根轮，让你感觉更加稳定。

宇宙的运行基于联系，从重力原理到太阳、平流层以及脚下的湿地，一切无不基于联系。宇宙中没有任何一个系统或分子与其他系统或分子是没有联系的。用电力学术语来讲，联系即接地。接地就是用一根电线或导体将电气设备与大地连接。这样，大地就充当了导体、保护装置或无限源——它可以源源不断地吸收电流，而不改变其电势。

身体接地是什么意思？为什么接地对于幸福特别重要？这与电的原理一样。你就是能量，大地与你连接，这与大地导电是一个原理。你的身体需要与大地连接，从而定期吸收恒电流（生命力），而不改变自己的潜能，或对自身造成伤害。

如果你没有接地，你可能会感到不安、不稳定或反应过激，或者觉得没有归属感。这是由于你没有吸收大地稳定的能源，让你失去了连接。如果我们将大地看作密度较高的物理能源，将天空看作密度较低的精神能源，那么在二者之间达成平衡就需要同大地和天空达成同样的连接。

人们经常低估了同大地的连接，多数人总是试图通过精神的升华、超脱或冥想而减轻痛苦。但是，在觉醒和自我实现的路上，身体与大地建立充分的连接也是十分重要的。

接地与被困住不同。从本质上来看，根轮的能量可以稳定情绪，建立信心，创造平衡，并给予你保持稳定的锚点。有了稳固的根基，你可以达到更高的高度，完全实现自己的潜能——灵魂与世界相遇，自然与情绪相遇。

如果你感觉没有接地，或者根轮出现了失衡，你的身体则会表现出以下症状。请对经常出现的症状进行标记。

便秘	结肠炎
腿部无力	性无能
坐立不安	注意力不集中
无法完成任务	生殖器问题
坐骨神经痛	不稳定

造成我们无法接地的原因有很多。常见的有：

性虐待

言语虐待

作为孩子感觉不被关注

过度冥想

成长时期家庭或学校环境不稳定

风象星座

缺乏身体关爱，缺少锻炼

缺少身体接触

过度忧虑或思虑过度

自私或自恋

缺少与团体、组织、自然或集体的连接

根轮失衡还会导致出现以下情绪问题：

焦虑	情绪反复无常
缺乏安全感	想要隐藏自己，不善社交
互相依赖	恐惧
不自在	沮丧

你不会一大早醒来就感到焦虑，忧伤也不会无缘无故地找到你，影响内心稳定和秩序的因素有很多，重要的是关注那些可以提醒我们出现问题的迹象和症状。不论是生理上、精神上，还是情绪上出现了问题，找到根本原因对于疗愈十分必要。西方的文化支持我们在情绪出现困扰的时候服药，但是如果药物对于多数人有效的话，就不会有这么多消极的结果了。事实上，痛苦、暴力、肥胖、情绪波动、上瘾、疾病以及精神分裂的问题越来越多，忽视造成问题的根本原因只会凸显问题的副作用，让情况变得更加糟糕。

做人需要根基，即存在。从生理、精神、情绪以及能量方面来讲，我们此时此刻都是存在的。这听起来挺傻的，但是多数人都没有意识到身体完全存在有多么重要。我们忘记了此时此地的珍贵，把身体、灵魂的不同方面以及活在当下看作理所当然的存在。

有句名言是这样说的："我们是拥有人类经验的精神实体。"尽管这句话是对的，但是我们也不能将其看作逃离人类痛苦的借口。我们所经历的痛苦是思维和灵魂得以成长的宝贵经验。这些经历是疗愈的契机。如果我们不去考虑这些经历的价值，我们的内心和思维又能学习到什么呢?

人类是肩负着一定的使命而存在的，这是我们灵魂的选择。我们拥有学习、爱和精神进化的能力，同时，我们也是由一定的组织、骨骼、皮肤、脂肪以及血液组成的能量体，因此我们有生理上的需求，渴望受到关注。情绪疗愈的第一步就是进入身体，与身体连接，感受身体的全然存在。请将脚放在地上，感受自然给予你的力量。

根扎得越深，树长得越高。

想象一棵树。树是有力量的、茁壮的、高大的，枝条柔软，叶子纤细。树的力量和大小是由其根部决定的。如果一棵树的根系无力，它就无法茁壮成长，无法发挥其全部的潜力。如果你觉得自己不够坚强，无法抵御暴风雨般的灾难，那么原因可能是，你的一些经历或者内心的恐惧让你断开了与大地的连接，这是对你需要接地的提醒。

请长大吧，当我们离家独自面对社会时，很少有人会教我们如何变得坚强。有一天早晨醒来，我们就需要独自面对生活了。依赖或者连接某个真实的对象并不容易，但是，恐惧会在我们与自我失去了连接后出现，而不是我们与他人失去了连接后。幸运的是，连接可以在任何时间、任何地方建立起来。

通常，缺乏连接缘于对自我缺乏信任。我们总是将自己的幸福、欢乐、资源和爱都建立在他人的基础上，而忘记了我们自身就可以创造这些东西。学会信任自己，发现自己是最宝贵的资源，这些都需要练习。我们需要花时间确定节点和目标，确保自己能够满足自我的需要。

在你的日记本里，列出三件你需要依赖他人才能完成的事情。它们可能是你不喜欢做的事情，可能是你害怕做的事情，可能是你认为自己无法完成的事情。你会发现这些事情就同倒垃圾或者一个人坐飞机去巴西一样简单。正是那些想法才让你认为“我就是做不到”！

随着情绪疗愈的加深，你就越有可能走出自我设限的区域，开始学会依赖自己。你不必独自完成所有事情以证明自己是坚强的，但是请不要为了逃避而将责任推给他人。

我们之所以崇拜英雄，就是因为他们似乎无所不能。事实上，英雄也只是普通人，不过他们拥有应对生活难题的强烈使命感、责任感以及决心。他们总是接地，保持与自我和事业的连接。他们回应需要，而不会让思维或恐惧将他们引向其他的道路。他们与当下连接，他们就是当下，就是如此简单。可惜很多人沉浸在绝望和恐惧的情绪里，无法自救，因而也无法服务他人。

意识游离或者与事实分离都无法走向疗愈。如果我们的身心都不在场，那么我们就无法解决与爱人之间的分歧。如果我们脱离了社会，那么我们也无法服务他人。虽然通过冥想、想象、能量疗愈和祈祷，我们可以获得丰厚的回报，但是，有关灵魂的经验还是需要我们接地和活在当下才能获得。

想要变得强大，首先需要学会如何在内心建立一个固定点——接地并扎根地下，然后开始享受人生的旅程。这个旅程可能就发生在你的家乡，也可能在离家很远的地方。但是，不论你在哪里，与自己的根保持连接总是可能的。通过锚定，你可以完成灵魂交付给你的使命，重获一种全新的平静。

情绪训练

接地练习：最好脱去鞋袜，直接将脚放于地面。做法非常简单，脚底与土地、沙子、草地、石头或水接触。散步、涉水或拖着脚走都可以，但每天至少做五分钟。在冬天，可以将脚放入温水，或者在旁边放一个火炉。

许多疗愈师、哲学家和大师都会谈到超脱。“超脱”和

“放下”是疗愈时经常出现的词汇。它们好似一剂良药，可以治愈所有的不舒服、坏情绪和生活难题。“随它去吧。”我认为这个建议非常糟糕，它甚至会影响你的幸福。

我们试图营造一个没有痛苦的环境。我们用食物、美酒、性和那些亮闪闪的装饰品来牵制负面情绪。但这些分散我们注意力的事物只是断开了我们与自身的关系，分离不能带来疗愈。断开连接不是解决问题的正确方法，它只会让我们的精神和内心分崩离析。分散注意力不仅会堵塞负面情绪，同时还会阻挡积极的情绪。情绪是我们的一部分，我们需要去感受情绪、内化情绪，而不是摒弃情绪。正是由于情绪复杂多变，人类才会超出理性思维。

“放下”本质上是一条无人走的、荒芜的道路，除非你想要过那种与世隔绝的生活。“放下”的虚伪之处在于，它会告诉你这是一个简单的决定，你所有的担心和痛苦都会消失在某个“垃圾桶”中。然而，“放下”实际上指向的是孤立和遗忘，让你将所有的力量交付给过去的某个人或某件事。它的潜台词是“你还有我，但是我想摆脱你”。与疗愈所需的能量相比，“放下”给予了痛苦同样多的能量。事实上，试图放开他人对你的牵制是徒劳的，这是其他人的责任。你的责任就是消化自己的情绪，并通过这些经验使你达到一个新的高度。

超脱不是通向幸福的道路。

恐惧是超脱的主导力量，分离也是基于恐惧产生的。我们害怕自己成为负面情绪的俘虏，不去理会情绪、人或记忆，就好比移除我们身体的一部分，我们可能学会适应，但是总会感到若有似无的痛苦。与自我和身体整体性的连接不会随着移除肢体而消失，同样地，“随它去吧”只会破坏你情绪的完整性。疗愈不会在被破坏的、遗忘的情绪中发生，留下的只有若有似无的痛。

扔掉前任的物品并不能消除你的心痛，不要认为你的感情会随着丢掉物品而消失。如果你仍然对前任充满怨气，那么你应该专注于疗愈怨气，而不是扔掉前任的物品。前任的物品只会引起需要处理的情绪。本章之后的内容将会介绍情绪触发点与真实情绪之间的区别。清理物品会在开始的时候感觉良好，但这并不意味着情绪得到了疗愈。

我最近上了一门著名心灵老师的课程，他授课的理论基础就是“随它去吧”。我环顾教室，发现没有人因为这条建议获得改变或成功。他们的脸上还是一副困惑的神情，仿佛他们多年来一直在尝试放下，但是并没有因此离幸福或完整更近。事实上，当大家问那位老师如何才能放下时，老师也懵住了。这个问题的答案绝不是“随它去吧”，因为这条理念就是个死胡同。它没有答案，也无法让人理解，寻找答案的过程就像猫追逐自己的尾巴一样徒劳，让人沮丧。

所有的事情都有存在的合理性，在某些情况下，“随它去吧”（如又旧又臭的袜子）是个不错的想法。在“不要为小事费力”的情况中就应如此。例如，如果一个陌生人占用了你的停车位或者你们之间发生了一个小冲突，那么你就“随它去吧”。但是，在连接不够充分的情况下，情绪疗愈也不会发生。

我相信连接才是通向内心平静的道路，而非超脱。正如与你所有的生命经验保持连接一样，接地也是保持生理健康和情绪健康的必要条件。情绪或精神上超脱，与活在当下以及保持完整是无法共存的。连接是人类存在的根本。

力量的支柱

想象一根又高又漂亮的大理石柱子。它表面光滑，散发出柔和的光芒，实际上却十分坚硬。大理石是大自然的一部分，经受了自然界各种天气的考验，这赋予了它宏伟庄严的气质。大理石的高密度给人以安全感。

想象自己的脊柱底端到头顶有一根大理石柱子，这根柱子代表了你的核心、灵魂以及生命，并包含了你的过去。请认真想象它的样子。这根柱子是细的还是粗的？是坚固的还是有裂缝的？是灰色的、白色的，还是棕色的？

当我们试图忽视、否认过去，或者将我们的过去与内心和思维分离，这就类似对大理石进行大块切割，或者至少是在一点点削减它。将这些碎块搁置一旁或者全部扔掉，会对自我造成永久的伤害。试想一下，如果我们每经历一次心痛或创伤，就从柱子上割下一块，那么这根柱子就不再坚固和美丽，而会变得分裂破碎，最后摇摇欲坠。人们总是想将不好的经历踢出生活，结果只是让柱子变得越来越脆弱。你自己很快就会变得摇摇晃晃、支离破碎、坍塌在地。这样的柱子是你想要的吗？如果你觉得虚弱、支离破碎，那么是时候将那些破碎的情绪拼接回去了。

继续花费大量的力气去放下生活中负面的经历会对我们造成伤害。疗愈的正确方式是不断地给柱子填料，让它变得更加坚固，是接受过去会给予你力量，将你的人生经历融入自身，像孩子一样去热爱它们。我喜欢想象在自己的身体里有一个工作的小人儿，在我每次受到打击或伤害时，这个小人儿就会修补我的柱子，用腻子刀填充材料。我明白了，如果我不接受过去，一味地逃避，只会削减自身的力量。

想要拥有一根有力量的柱子，你必须认可并接纳自己的过去，即使面对的是让你并不骄傲甚至是害怕的过去。然而，正是经历的累积才能造就完整的自己，否认任何一部分都会让我们分裂。对经历所持的情绪不会削弱你的力量，因为你已经度过了它。只有你无法摆脱这些情绪，担心这些情绪会控制你，才会削弱你的力量。尽管情绪、记忆和经历会塑造我们，但它们并不能控制我们。当我们成为情绪的主人，我们就不必再面对恐惧时畏缩了。我们会接受这些情绪，甚至是利用它们来加强自己的核心、支柱。嗅觉、味觉、听觉以及语言也会与痛苦连接，成为我们的一部分，忽视或否认它们就是在否认自我。与自我的分离会引起精神崩溃。

找到内心的平静和用心生活才是生活的根本途径。

创伤和悲痛实际上可以让我们自由。我把创伤性事件看作一把弹弓，它产生的效果比我预期的要大得多。在这个过程中，我找到了更深层次的自我。也正是在这时，我才开始了疗愈。我无力面对恐惧，在痛苦中悲叹，把自己的头埋起来，完全臣服于未知，我恳求上帝的救赎。这时，我感受到了身后有股力量，心中亮起了光，它对我说："坚持。"从那天起，我学会了如何利用经历来增强支柱。痛苦的重量越大，支柱就越坚固。我卸下了负担，内心充盈着爱与接纳，我感觉轻松了不少。这是一条通向灵魂满足的道路，不像过去只是为了满足自尊心的肤浅欲望。

为爱冒险

很多情绪的发生都是出于对爱的恐惧。每一种情绪的产生要么是因为恐惧，要么是因为爱。我们受限的思维和饱受折磨的内心总是无意识地选择了恐惧，然而，每一次，我们的灵魂都会选择爱。好消息是，我们每时每刻都有选择爱的机会。虽然选择爱是有风险的，但这是通往自由的唯一道路。举例来说，如果你和伴侣之间发生了争论，你会很容易关闭心扉，进入自我保护模式。然后在你与其他人的互动中，你会变得急躁、苛刻、不友好。其实你真正的情绪是害怕、受伤或难过。爱总是让给予和接纳得以实现，让我们分清过去、现在和将来。

你不要满足于生活或爱情中的平庸。然而，恐惧总是想把我们引向平庸，让我们认为选择爱需要做很多艰难的工作。恐惧还告诉我们，拥有丰富的生活就意味着会产生混乱和负面情绪，提醒我们不值得为爱冒险。而真相是，只有在处理负面情绪的过程中，我们才能体会到一直追寻的积极情绪。本书所介绍的技巧、冥想和情绪训练将会赋予你为爱冒险的勇气。在实践中，你可能会感到更多短暂的恐惧，但这都没有关系。它是你独自面对自己想法和情绪的一个过程。

在面对不公平、疼痛、内疚、羞愧、忧伤、愤怒、创伤等其他形式的痛苦时，你能为爱而冒险吗？自尊（恐惧）会告诉你不行，而灵魂会告诉你能行。你上次真实地表达自己的情绪是什么时候？当时是感到忧伤、愤怒、深爱还是喜悦？在一时的冲动之下，你还能保有纯粹的热情吗？你每天都能发自内心地大笑吗？你能做到直言不讳并言出必行吗？你必须有一颗打开的、免予恐惧的心才能做到上述这些事情。

回忆一下你感到深深的爱的时刻。不论对象是你的爱人或是宠物，回忆当时你的心完全打开、深爱着对方的那个时刻。爱是一种难以描述的情绪，那时我们想要照顾对方、取悦对方、做自己所能做到的一切让对方开心。我们想要在困难时期保护对方、陪伴对方，同时分享彼此的经历。我们在爱中越是感到安全，我们的爱就会越深。

你感到安全吗？你爱自己吗？你能像爱他人一样尊重自己、照顾自己吗？在阅读本书的过程中，你应该不时地问问自己这些问题。

在我们踏上疗愈之旅之前，问问自己，自我关爱是什么？是在中午享受一次难得的泡澡吗？是享用美味的食物吗？是每天都留出时间自省和照顾自己吗？是拒绝无益于自己精神的请求吗？请取出一张纸或是你的日记本，写下三个可以让你感到全然的自我关爱和平静的方式。

在即将阅读完本书的时候，我希望你能有勇气将自我关爱融入你每日的生活中。将自我关爱培养成为习惯，而非看作奢侈品。随着疗愈的进行，我们将创造一个崭新的、更加丰富的生命空间，滋养自己并不是自私自利，斟满杯子才能将更多的东西分享给他人，空杯子则什么也给不了。

紧抓不放

紧紧抓住与连接不同。由于害怕失去某个对象，我们会紧紧抓住它；我们害怕一个人待着，于是就紧紧抓住某个人，尽管他 / 她与我们并不适合；我们不相信第二扇门后面才是适合我们的工作，于是我们紧紧抓住第一个工作机会不放；我们想要过有别于平庸的生活，于是我们紧紧抓住那些戏剧性的事件。我们紧抓着别人的注意力、认可以及名望不放。

紧抓不放是一种恐惧反应机制，它会分散你聆听自己内心的注意力。当我们对某个对象紧抓不放的时候，我们是在隐藏自己需要连接的需求以及无法满足需求的恐惧。我们只是寄希望于通过紧紧抓住的东西来给自己一点儿安慰，即使它不是我们真正想要的或是需要的。觉察到这一点，或许就是我们疗愈的开始。不是“放手”，而是紧抓不放。回顾过去的经历，想想自己进入“紧抓不放”模式的导火索，是爱、是意义，还是食物——是什么让你出于恐惧而紧抓不放？记录下自己最近半年内紧紧抓住的三样东西。

尽管紧紧抓住某样东西的即时满足会让我们有一丝归属感，但这也通常会将我们引向与灵魂越来越远的道路。这种联系不是基于内心疗愈的联系，它是一种基于恐惧而产生的安全感。当然，我们可以全身心地与某样东西建立联系，同时感到完全的自由，这时你就会明白什么是健康的连接。那就是爱。

接纳

我喜欢抽烟，而且烟瘾很大。通过尼古丁，我可以隐藏情绪、控制体重、保持清醒和冷静、缓解酒醉，还可以躲避孤独。了解了吸烟的危害后，我现在每天只抽三四支烟。虽然量并不大，但是我还是把吸烟看作我的救星。我把它们称为“烟雾大餐”。

接纳和爱带来改变。

在疗愈开始之后，我的身心告诉我，烟并不是必不可少的。吸烟并不会让我冷静下来，反而让我变得更加兴奋；吸烟无法掩盖饥饿，我反而更加想吃糖了。我会在睡觉醒来的时候抽几支。我不喜欢跑步，我会向不知情的人隐瞒我抽烟的事实，我不想被别人看见，但是偷着抽烟又很累人，也不能带来满足感。有一次我在泡澡的时候，在我的心脏上方、胸腺附近，发出了嗡嗡的躁动声，我的身体在跟我说话。从生理上来看，由于抽烟，我能感觉到身体在躁动、发痒；从精神方面来看，我知道抽烟不好，这个想法与烟瘾是矛盾的；从能量角度来看，抽烟已经不再与我的频率相匹配了。那感觉就像有一个沉重的东西压在我身上，另外，我又害怕完全没有压力的生活，所以我就一直忍着。带着这种害怕，我又抽了一段时间，但是现在我已经没有借口了。吸烟让我身心疲惫，于是有一天，我决定戒烟。就这样，我再也没有抽过烟，我摆脱了烟的控制。事实上戒烟并没有我预想的困难，我的身心完全摆脱了烟瘾，剩下的只有害怕。从此，我的生活有了新的可能，而且这个生活里没有烟。

否定痛苦就是否定爱。二者是互通的。

否定的本质是，我们不愿意待在原地。我们有不想面对的情绪和现实，不愿意离开舒适圈。否定就是抗拒改变。当我开始疗愈那次被强暴带来的伤害时，我还紧抓着过去不放。我不承认当前的生活，我想逃离。我觉得自己完全脱离了大地（被强暴和身体的创伤都会让人产生这种感觉），我不断地否定，想要将生活拉回到意外发生之前。这就好比将过去这颗圆钉敲入当下这个方洞里，而圆枘装不进方凿，二者完全不协调。我的生活发生了改变，再也回不去了。

请将否定这个概念想象成一块全新的充气床垫。你刚买下这块床垫的时候，它与床架完全契合、紧凑、不易晃动。再多充进一些气，气体就会充盈床垫的每个角落和缝隙，同时改变床垫的形状。充进去的气越多，床垫就越紧实，撑得就越开。这时，床垫的形状和刚买的时候完全不一样，无法放进床架了。任你如何挤压、拍打，也不能像刚开始那样塞进去了，床垫的结构被永远地改变了。

疗愈也是这个道理。你可能和它较一会儿劲儿，但是，你最终要么因为它不是你想要的而反抗它，要么就放弃了反抗，承认了它的存在——它的形状发生了变化，再也无法放入之前的盒子了。每一次经历都会让你的尺寸、形状发生变化，你绝不能再缩回到自己之前的壳里了。请牢记，你是在加固你的支柱，而不是在摧毁它。

我的很多客户说，他们被困住了，仿佛被困在笼子里。被困住的人还会想困住他人。他们从思想上想要自由，但是他们无法扔掉感情包袱，更别说让他人自由了。他们回不到之前的生活，不知道自己是谁，又该去哪儿。他们不是从前的自己了，不明白为什么生活变得支离破碎。他们试图摆脱过去（与过去分离），却失败了，这引起更多新的焦虑。想要获得自由就必须承认和接受此时此刻的一切都发生了变化，回到“刚进入笼子”的痛苦中，意识到自己已经不再是过去的那个自己了，经历改变了你。如果你接受了这个事实，那么自我关爱就会开始引导你。此时，你会发现笼子不见了。

疗愈的一部分就是接受伴随着爱而来的新的能量和情绪。我们抵触负面的情绪，同时也抵触正面的情绪。我们害怕自由，因为我们认为自由等同于切断联系。自由就是失去连接、不计后果、轻浮任性和不负责任。事实上，这些都不是自由的内容。只有与情绪连接、接地、对我们的灵魂负责，我们才能获得真正的自由。

情绪疗愈可以让我们体验从未有过的平静和坦然的状态。处于这个状态中，我们就可以接纳生活带来的一切新的东西。为了全然地接纳自己，我们需要拥抱因爱而生的力量、个性和平静。于是，我们就可以意识到神圣的美丽和连接。你就是神圣的，阻挡在你与神圣之间的只有你的羞愧和痛苦，它们让你感觉“差一点儿”或是不完整，而接纳自己的全部可以让你回归自己的灵魂，你神圣的本质。

当我们觉察到当下的情绪和想法的时候，我们就是现实的主人。决定行动的不仅有思维，还有精神。摆脱内心的冲突、成瘾和不好的习惯，聆听你自身的方方面面。集中注意力，而不仅仅是对思维进行回应。你的行为导致的生理症状告诉了你什么？你胸腔的哪一部分提醒你在紧抓着不放？你的精神与行动是一致的吗？不要只想着问题的答案，体会它们，并把它们写下来。

情绪 vs 触发点

真实的情绪与情绪触发点之间有很大的区别，疗愈需要你将二者区分开来。触发点是激发我们反应的东西，例如，冲突、特殊的气味或是某种语调。它可以提供有用的信息，但是它不是真实的情绪，它只是帮你打开了防御机制。而真实的情绪是指羞愧、自卑等驻扎在我们心中的东西，除非我们停止处理它们，它们才会消失，而同时它们会转变为新的情绪。情绪就像液体一样不断变化，每一种情绪的质地都不一样。

如果你将触发点看作情绪，那么你会不断地对过去做出回应。触发点只有提醒的作用，而不是让你陷入对特定事件的负面情绪中。触发点成为我们对某事“不放手”的媒介，允许我们一而再、再而三地以相似的方式对某事做出回应。如果你可以将情绪与触发点区分开来，你会发现自己当下真实的感受与触发点想要你对过去经历做出的回应是完全不同的。

举例来说，你最好的朋友与你的男朋友在一起了，这当然对你的伤害很大。十年后，当你在某家商店购物时突然闻到了女友使用的香水，这让你回忆起当年的事情。你可以对香水这个触发点做出回应，心里感到愤怒和伤心，就像你当初的感受。但是，你也可以认为香水只是一个触发点，然后回到当下。你会发现自己其实挺好，甚至心中会涌出原谅和理解的想法。

将注意力放在当下，留意当下所发生的一切，这会帮助你面对当下，而不是过去。将注意力放在你的呼吸上，或许背叛的痛苦已经消失了。你现在是安全的。你不再感到愤怒或忧伤，你感觉良好，这就是当下的力量。如果你尊重自己真实的感受，那么就没有必要对情绪的触发点做出回应，要觉察出触发点并活在当下并不容易，这需要练习。

如果你的身体可以给你的灵魂提供一个稳定的栖身之处，那么回忆就能得以安放，并且你不必对每一个触发点都做出回应。前提就是你可以接纳自己的经历和当初的情绪，让它们自由地流动。你无须将过去发生的事情和情绪再回想一遍，沉浸在创伤中或者重新回忆创伤都不能走向疗愈。疗愈来自对真实情绪的接纳，以及让情绪自由地流动。如此一来，情绪触发点的影响也就没有那么大了。

让身体动起来

当我遭受痛苦的经历或是感到烦恼的时候，通往疗愈的第一步就是让身体动起来。活在当下，做做运动，吃得健康，这些日常琐事可以帮助你重新整合，找到生活的重心。

那次被强暴的事件发生后，我搬回了家，整个夏天都和爸爸住在一起，我还找了一个装修房子的工作。我每天骑车上班，需要做的工作就是用锤子敲碎马桶和墙壁，剥掉金属护栏上的油漆，将东西拖进卡车，固定木板墙，把砖一块一块地堆起来。我之所以能保持神志清醒，离不开这份装修的工作，我认为，“砍木头和提水”的这个方法对我的健康起到了十分重要的作用，由此可见，让身体活动起来可以产生很好的疗愈作用。

> 身体健康是感恩整个宇宙的体现——树木、云朵等一切。
>
> ——一行禅师

暂时忘掉有关情绪低落的一切东西，让你的身体与世界联系起来。流汗、工作、触摸土壤，坚持，重新连接，盘绕在你大脑、内心和身体中的能量会随着每一次的活动而发散出来。不一定是枯燥乏味的工作，锻炼和玩耍都能起到作用。

情绪训练

营养均衡：身体的稳定和平衡对情绪疗愈至关重

要，但这一点却经常被我们忽视。营养均衡是自爱和幸福的基础。我们可能对糖、咖啡因、酒精、乳制品、谷类或豆制品产生情绪反应。我们需要了解饮食对身体的影响，并减少其负面影响可以帮助我们减少焦虑、欲望、失眠以及紧张等。血糖的平衡对稳定情绪十分重要。要照顾好自己的身体，如果身体各部分处于和谐的状态，那么这将缓解大脑和情绪的紧张，并对疗愈起到关键的作用。一定要摄入足够的蛋白质、必需的脂肪酸、蔬菜以及低糖水果。摄入更多的益生菌以保护免疫系统，多食用天然健康食品，少吃加工食品。

园艺：关爱自然和照看土壤是接地与稳定身体的快速通道。我们的思维和情绪与大自然紧密相连，土壤中的微量营养素和益生素与我们的免疫系统和健康也息息相关。学会去探索自然吧！

营造良好的环境，照顾好身体，是最有益于灵魂的事情了。注意力、意图、爱和付出都可以带来改变，它们不仅可以帮助你接地，还能帮你打开心扉。关爱让我们保持连接，依附并投入生活中。关爱自己让我们有机会成为生活的最好的管理员，这也是造物主赋予我们的一个崇高的责任。好的管理员就好比不错的经营者、监督员或检查员。关爱让我们意识到，除自我欲望以外的世界，总有需要我们关爱的人和事，这一点同样适用于我们的内心。我们的内心总有一部分需要我们的注意力，内心的愿景需要得到照顾，需要被听见，被感受，被认为是构成独特自我的关键元素。

接纳人和事可以帮助我们打开心扉、接地，还可以为情绪疗愈奠定基础。失去连接和断掉联系并不是自然的本意，与爱连接可以通向疗愈。

活在当下并全然接纳一切，如此，我们才能朝着灵魂的使命走得更远。当我们认准了这条路，我们就能感觉到重心和信念，与大地连接，一切都变得清楚起来了。我们的根轮是敞开的，是与大地连接的，仿佛一棵大树的强有力的枝叶在风中飘动。活在当下，我们不会焦虑或忧伤；活在当下，我们拥有自由。

爱责怪他人的人和爱羞愧的人

我认为，世界上还存在着两种人——爱责怪他人的人和爱羞愧的人。他们无法消化内疚和羞愧两种情绪，并习惯于将这两种情绪转嫁给他人，你可能认为他们也是受害者。那种自我羞愧的人——他们将羞愧和内疚压制在自己心里，直到爆发。

作为情绪疗愈者，我们承认情绪的存在，而非去责怪；我们处理情绪，而非将它们引爆；我们勇敢尝试，而非切断感受。不论过去的经历告诉了你什么，你都有选择的机会。

你可能会想：“啊，我不需要疗愈，就这样吧。”但是，萦绕在你大脑和心中的丝丝内疚会阻碍你前行的脚步。你没有获得晋升，或许是因为没有获得打败竞争对手的机会，或许可以追溯到你的父亲没有供你读研究生。你可能正在“处理”这件事情，但同时，你也可以想“也许事情原本就是这样的”，何必自寻烦恼呢？婚姻失败、缺乏资源、时间问题，甚至是基因问题等，你都可以找到无数个借口。然而，情绪疗愈与冒犯你的人无关，它只与你这个看管人有关。

受害者会将大量的能量花费在他人身上，并且是以负面的方式。他们陷入痛苦而不可自拔，因为他们不愿意动用资源以实现成长和疗愈。相反，他们浪费自己的能量，抱怨这个世界，为自己的痛苦不断地找寻借口。你可以借用资源责怪他人，但也可以将这些资源投入疗愈。

我将来自灵魂的指示看作照顾自我和投入工作的“提示”，包括责怪、未消解的愤怒、被埋藏的情绪以及对生活的不满。此外，还有心中感到沉重、持续的焦虑和无数个失眠的夜晚也是“提示”。来自灵魂的指示提醒你，换一条路试试。它们就像霓虹灯，提醒你迫近的危险。如果你不愿意重视这些指示，你的身心就可能遭遇危险。

如果你想拥有更多的情绪自由，掌握更多的控制权，就停止责怪和抱怨，请意识到在自我实现的道路上，你有很多可以帮助你成长和进步的机会。发展不总是温和的，它源自灵魂。

冥想

闭着眼睛静坐，保持注意力集中。注意自己的呼吸，一吸一呼，觉察呼吸是如何通过鼻腔完成的。五六轮呼吸过后，深深地吸进一口气，再重重地呼出去。一边呼吸，一边吟诵："我在这里。"吸气的时候说："我在。"呼气的时候说："这里。"在你意识到自己存在的时候，你可能会觉察到一些念头或情绪，与这些念头或情绪待在一起，让它们自由地流动。观察它们、聆听它们，不要评判。一吸一呼，吟诵"我在这里"。与涌现的念头或情绪相处，而不受它们的影响。让它们自由地流动，而你可以不受它们控制。如果你需要处理某个情绪触发点，或者重复出现的负面情绪，你可以每周做几次这样的冥想。请牢记：抗拒得越少，执念就越少。冥想可以帮助我们回到当下。

热 爱

对于一个拥有智慧、心思深的人来说，痛苦和苦难总是必不可少的。

——费奥多尔·陀思妥耶夫斯基

痛苦可分为两种，一种是世界制造的，另一种是我们自己制造的。我们无法逃离痛苦，它是我们生活的一个基本组成部分。但是，我们可以选择面对痛苦的方式，可以选择减少痛苦。要减少痛苦，我们需要改变问题产生的思维模式和行动。以不同的方式面对痛苦，就是接受痛苦带给我们的经验教训。如果你忽视自己的情绪，隐藏自己的痛苦，那么你只会备受煎熬。

如果我们无法从痛苦中得到成长，那么我们就只能饱受痛苦的煎熬。痛苦可以将一个人推向深渊，让我们无法热爱生活、享受生活。当我们在痛苦的深渊中挣扎时，创造力和来自灵魂的表达是绝对不会出现的。

痛苦并不让人愉悦，但它可以是你通往疗愈的一位伟大的老师。不论它是否受到了邀请，它都会来的。如果你愿意打开门迎接它，那么你将受益。痛苦是亲密关系、创造力以及艺术创作的催化剂。痛苦可以拉近人与人、国与国之间的距离，还可以让彼此打开心扉，互相理解并为对方服务。理解痛苦的疼痛就是了解你人性的深度，否则你将永远没有机会去了解。

> 为此刻开心。此刻就是你的生活。
>
> ——奥马·海亚姆

处理痛苦的情绪可以增加你对自己的信任，让你离人性更近。只有经历过痛苦的人才能够理解他人的痛苦。这并不是说你要制造出不必要的痛苦，或者沉溺于痛苦的深渊中。而是说，你可以创造一个与痛苦有关的、新的、积极的关系来帮助你疗愈。

世界上没有任何东西可以保护你不遭受痛苦，你在这一生中肯定会遇到它。如果你没有学会接受痛苦，没有将痛苦看作灵魂升华的机会，那么痛苦就会令你难以忍受了。避免痛苦的经历不会让我们幸福，也无法带来健康，相反这会压制我们的灵魂。

至少有十年，我都一直在逃避。不是逃避法律，而是逃避我自己。我在逃避自己的情绪、痛苦以及恐惧。我有一颗好奇心，喜欢探索，但是在过去这些年里，我忙于制造一个新的现实来帮助自己逃避痛苦。我在逃避，在我生命的大部分时光里，我都感到焦虑，那种令人如坐针毡的、神经紧张的焦虑。那次袭击发生在我二十多岁的时候，之后，焦虑就长久伴随着我，尽管我并不想要它。为了得到短暂的喘息，我四处奔波，想要摆脱它。有一段时间，我每六周就从路易斯威尔回到加利福尼亚，然后在西部寻找我的灵魂。我在洛杉矶进行了短暂的休息，就是在这里，我开始面对现实。

在我小的时候，加利福尼亚对我来说就是一个梦。和大多数八岁的孩子一样，我一直想去那里，成为一名电视明星。然而事实上，我在洛杉矶并不再追梦了，它成了我被污染的灵魂的藏身之处。洛杉矶距离我的朋友和家人有 2000 多公里，我可以在这里独自一个人痛苦。在这座巨大的城市中，没有人知道你是谁，它排出的有毒气体也改变了我的“气质”。最终，它逼迫我必须觉醒。

在 2000 年“千年危机”爆发后，我与朋友迈克开车经过洛杉矶影视城的时候，我告诉他，我已经控制不了自己的焦虑了。我在上洛杉矶剧院开设的即兴表演课上突然惊慌发作，现在还没有恢复过来。整个班级都看到了我呆住不动、几近崩溃、被抬着送上救护车的样子。几个小时后，我带着健康证明回到了班级，他们都在等待我的消息。健康证明上只是写着“焦虑”。没有绷带可以遮盖我羞愧的、窘迫的、脆弱的灵魂。我感到十分丢脸，害怕再发生这样的事情，所以我就没再去上课。

> 受苦能凸显坚强的灵魂；最明显的特征就是，那伤口痊愈的疤痕。
>
> ——卡里·纪伯伦

我为自己没有在洛杉矶实现梦想找了很多的借口，因为说出我抑郁的真相就意味着我需要帮助。我无法融入好莱坞，我责怪我的经纪人，怪自己缺乏资源，甚至有一段时间，我认为问题出自我的头发，于是就把头发染成了金黄色。由于缺乏自信，我搞砸了多次试演。这个行业总是举行深夜聚会，再加上我做了一份服务员的工作，总是接触喝酒、抽烟以及其他很多不健康的行为，因此，我情绪焦虑的情况更加恶化了。我的情绪完全失控了，实现自己的潜能是完全不可能的了。我已经二十七岁了，离异、没有正经的工作，我觉得自己无路可走了。我还没有从创伤中走出来。大脑告诉我应该处理自己的情绪，但是我的灵魂还没有准备好。

对一个局外人来说，我的生活看起来挺不错的。我在追逐自己的梦想，不暴饮暴食，与家人保持着联系。但是，我的内心深处却是极度痛苦的。我觉得自己需要隐藏起来，这样人们就看不到我伤痕累累、千疮百孔、丑陋不堪的样子了。我无法继续前行，我陷入了忧伤之中，一点儿也不开心。那天与迈克一起坐在车里，我知道以自己的现状，我不能再待在洛杉矶了。迈克也了解我的情况，尽管他不舍得我走。我需要忘却这次不成功的逃避，换个安全的地方疗愈。

人类痛苦的一个最大原因就是与自我分离。

你或许了解焦虑引起的种种生理症状：血液急速变冷，肠道变松，世界天旋地转。在恐慌发作的时候，尽管你是清醒的，但是你也控制不了自己。忧伤让你的胸腔发紧，肩膀发酸，仿佛绝望压在肩上一般。人的所有器官，包括大脑和心脏，都与情绪和精神相连。如果某个部分出现了失衡，那么另一个部分也会失衡，于是人就会觉得不适或者生病。

脐轮

你对未来感到迷茫、焦虑或者担心吗？你总是拖延，无法按时完成工作吗？你对生活感到厌倦，没有目标吗？如果答案是肯定的，你的能量可能由于心情不舒、血淤滞而被堵塞了。有关这些问题的疗愈与身体的第二个能量中心——脐轮有关。

脐轮又被称为“情绪中心”，其能量位于肚脐和骨盆之间。脐轮位于根轮（见第一章）之上，与根轮一起管理欲望，包括性欲与亲密程度、关系、情绪以及创造力。我们想要的生活始于这个情绪中心——脐轮。

情绪中心是身体和能量系统中感受情绪、处理情绪的地方。因此，如果我们的情绪受阻或者失衡，这个中心就会运行不畅。造成情绪受阻或者我们想要关闭情绪有很多原因，其中，痛苦，尤其是内疚，是最常见的原因。

例如，如果你无法接受或者内化某种情绪，那么你在消化食物方面就会产生问题。阻塞情绪的流通，否认现实，希望会出现更好的结果，这些都将切断联系。过度担忧可能引起头疼，伤心可能引起心绞痛。这并不是无足轻重的偶然事件，而是情绪与身体、思维与能量、灵魂与自我沟通的反应。

> 我并不惧怕风暴，因为我正在学习如何掌舵。
>
> ——路易莎·梅·阿尔科特

我认为一段经历要么可以增长经验，要么让你受挫，你可以进行选择。如果你处于风暴的中心，那么做出正确的情绪反应并不容易，这就是为什么我们需要做好准备了。做好准备需要每日的练习，包括正念、冥想、体能训练和情绪训练。这些技巧可以增强你的核心和支柱，引导你走向疗愈。你可以从痛苦中感受到全然的自爱和自由，重心更稳、接地可以让你更深入地探索自己真实的本性，而恐惧将分散对灵魂的关注。

思维、情绪和精神的各个能量中心出现了失衡，都会在适当的时候表现出其对应的生理失衡，恐惧让人们与情绪分离。我们害怕被伤害、被抛弃，我们还害怕爱、痛苦和死亡，包括性虐待、情绪虐待以及言语虐待在内的精神折磨都会阻塞脐轮。

有很多因素都会导致一个人进入保护状态。我们或无意识地或有意识地关闭情绪中心，以避免受到负面情绪的影响，但是，这会引起生理或情绪问题。这部分能量阻塞的结果主要体现在下腹部。

脐轮的能量受阻将引起下列生理表现：

腹胀	髋部发紧
泌尿或肾脏问题	生殖器官问题
脂肪过剩	子宫肌瘤
下腹部突出	肠道功能异常
臀部肥大	肾上腺疲劳
下背部酸痛	淋巴问题
液体潴留	缺乏性欲

女性处理情绪的方式与男性不同，因此二者面对情绪刺激

所做出的反应也不相同。女性还会有哺育孩子的经历，这就发生在脐轮。因此，女性养育孩子的过程也有别于男性。男性也会遇到这方面的问题，不过其原因是由于其他能量系统受到了阻塞，本书第三章将会有这方面的介绍。

虚弱的或受阻的脐轮会表现出以下情绪症状：

感觉分离	抑郁
缺乏性欲	互相依赖
低自尊	性痴迷
缺乏创造力	陷入某种心情或情绪
亲密关系问题	对食物或性成瘾
妒忌	恐惧

我们在不同时期都经历过部分上述症状，受压抑的情绪很可能是这些症状反复出现的原因。我们需要关注这些症状，这样它们才有可能消失。如果你有持续存在的生理症状，请咨询医生。

本章介绍的情绪训练将帮助你打开与脐轮对应的通道，允许那些有活力的、有创造力的和热情的能量流动起来，从而消除痛苦。总的来说，我们的目标就是在生活中变得更加灵活。

内疚

尽管痛苦通常都是由于外部因素造成的，但是令人惊讶的是，也有很多痛苦是由于我们自身的情绪引起的，例如，内疚、羞愧以及恐惧。失衡与我们脐轮的能量相关，而引起失衡的罪魁祸首就是内疚，内疚的重量就像在你的手腕上绑了一个保龄球。

内疚是我们生活中的一个常见问题，它让我们相信问题出在自己，却永远不会告诉我们事情有两面性。我们所受的教育没有教会我们以健康的方式表达真实的情感，我们总是将诸如愤怒、伤心、忧愁等情绪内化，或者转换为自责、内疚和羞愧。即使对于那些没有负罪感的人来说，内疚也深植于他们的内心。我们总是通过监测自己的行动和情绪来确认责任和义务。我们将自己的经历与他人的反应一起考察。有些人没有表现出内疚的情绪，是因为他们无法承受内疚所承载的重担，不论他们内疚与否。这种情况可能发生在患有人格障碍的人身上，例如，自恋的人，或者在小时候遭受了大量情绪虐待的人。在这种情况中，这些人还是将大量的能量投入了内疚中，尽管是为了逃避内疚或是否定内疚。

我们从小就被教育要克制对真实情绪的表达，可能是被要求闭嘴或者将负面情绪隐藏起来。这些都是处理情绪的不健康的方式——将伤心和痛苦压碎填埋在我们的身体中，痛苦因此变得更加浓烈而难以觉察。

当情绪被压在我们的内心深处并根深蒂固后，同能量疗愈者一起打破停滞、被阻塞的能量是十分有益的。当我面对脐轮的能量受到阻塞的人时，我会使用水晶钵和黄铜碗，并采用一些能量训练。声音振动对身体都有清理的作用，疗愈作用明显。身体内的每一个细胞、组织和器官都会对声音振动做出回应。将唱歌碗直接对着脐轮的正中心会产生巨大的效果，而此情绪中心是能量开始流动的最佳场所。唱歌碗发出的振动和回响会传到身体，让能量平静、放松下来，从而疏通阻塞。

有一个新来的客人波拉参加我的疗愈课程，她只是想探索能量疗愈，学会放松。她告诉我，她感觉良好，有时会感到一点儿焦虑，她来上课只是对我的工作好奇而已。在我们聊天的时候，我对她很快地做了个检查，很显然，她的脐轮被阻塞了，内疚是脐轮中最常见的情绪。

随着聊天的深入，我觉察到了波拉的痛苦，她来上课还有其他的原因。有时，我们的灵魂会带领我们去到应该去的地方，而不需要理智的参与。

情绪训练

猫式瑜伽：跪在地上，两膝打开与臀部同一宽度，双手手掌按在地上，置在肩肘下面正中位置，令躯干与地面平行。吸气，把头抬向天花板，同时慢慢地将盆骨翘高，腰向下微曲。呼气，同时慢慢地把背部向上拱起，带动脸向下方，视线望向大腿位置，直至感到背部有伸展的感觉。这个体式可以帮助按摩脊柱，打开脐轮。重复动作 5 至 10 次。

向陌生人打开心扉并寻求帮助并不容易。当波拉觉察到我的担心后，她坦露了她的情绪。波拉感受到痛苦已经有一段时间了，她感到非常内疚和羞愧，以至于这两种情绪可以轻易被觉察。几个月前，波拉的生殖器官出现了问题，但是至今也没有找到治疗的办法。波拉的婚姻也出现了问题，但是她不想与丈夫发生冲突。她年轻的时候堕过胎，现在为此十分内疚。

通常，流产、被强暴或被虐待的经历都会引起情绪中心的失衡，这些经历通常都会伴有深深的内疚和羞愧。即使当事人认为这已经是当初可以做出的最好的决定了，但负面情绪还是会被深深地埋藏起来。

在我同波拉一起努力的时候，她的情绪之源突然爆发了，她开始流泪，并发出痛苦的呻吟，我抱住了哭泣、发抖的她。

正是内疚阻止她寻求帮助以解决她的关系问题，而这是造成她痛苦的最大原因。多年以来，波拉一直试图与内疚分离，以至于她无法为自己和丈夫付出感情了。由于波拉为自己的过去感到羞愧，再加上丈夫的逃避，她无法向丈夫说出自己的需求。波拉觉得自己在浪费丈夫的时间，配不上他的爱。波拉明白她和丈夫可以创造更好的关系，但是她为了避免更多的痛苦而找了一堆借口。

一个人为对方找借口，从而双方都不需要有所行动，这很常见。在一段关系中，一方不再交流，或不再对自己的行为或情绪负责，那么双方都会感到痛苦。这种方式会让对方成为自己痛苦并沉默的帮凶，而让自己感到些许安慰。波拉隐藏自己的羞愧以保护丈夫，而波拉的丈夫则是选择逃避亲密关系，把工作当作掩护，因为他不知道如何处理自己的问题。慢慢地，他们越来越疏远，在沉默中煎熬着。

保护他人的情绪不受伤害同样很常见。当他人将痛苦施加在我们身上，我们会感到自我价值感很低，缺乏自爱，而我们会在保护他们的同时还要承担他们造成的伤害。这并不是一个处理痛苦的健康的方式。如果你无法向伤害你的人表达自己真实的情绪，那么双方都会痛苦。在一段关系中，伤心为双方处理情绪和共同疗愈提供了一个机会。

向他人隐藏自己负面的情绪是恐惧的表现，而不是爱。这种方式看起来是彼此关心，而实际上是基于羞愧的互相依赖。

避免向对方表达自己真实的感受，是以掌控对方经历的隐秘方式来保护自己不受对方回应的伤害。如果你的行为缘自爱，那么向你爱的人表达自己真实的感受就是负责任的表现，对双方都有好处。采用理性、恰当的方式表达感情，而不是防卫、愤怒或质问的方式。给予对方聆听自己、用他们的行动和情绪回应自己的机会，这才是恰当的、充满爱意的方式。处理情绪的方式包括看见和倾听，不要因为自己想要独自忍受痛苦，然后就对对方有所要求，为对方的行为寻找借口，你值得他们的付出。

与灵魂分离是造成人类痛苦的原因。

最近，一个朋友的姐姐——杰西卡结束了自己的生命。杰西卡是一位普通女性，四十岁，身体健康，但是内心却饱受困扰，最近几年还被诊断患有躁郁症。在某些方面，杰西卡可以说是一个正常人，但是她的生活和感情却是一团糟。最终，由于她长期的暴力恐吓、愤怒以及谩骂，所有关心她的人都离她而去。她失去了女儿的监护权，涉嫌几项重罪指控，欠多家公司的钱，并且失去了房子的赎回权。尽管她苦苦挣扎，但她还是拒绝服药，以及接受亲友的帮助。她在欺骗、药物和抑郁中不断沉沦，最终以自杀告终。

尽管杰西卡处理不好任何一种关系，但是她的亲友还是爱她的，愿意提供帮助。当她的亲人在整理她的遗物时，他们才真正意识到她已经死亡的这个事实，随之而来的是深切的愧疚。杰西卡的弟弟告诉我，他们的母亲还在世时，他一直试图修补姐姐与母亲之间的关系，还想帮忙解决姐姐的麻烦。但是自从他们的母亲在四年前过世后，他的姐姐就完全失控了，他一点儿忙也帮不上。她不愿意交谈，更别说接受帮助了，她情绪爆发时，可以摧毁任何接近她的人或事。

杰西卡的弟弟非常悲伤，同时感到深深的愧疚："我很内疚，我要是能修复姐姐与妈妈的关系，帮她解决了问题就好了；或许她就不会自杀了。或许我能做到这些的。"

失去亲人后感到内疚是很正常的。经历过震惊和否定的阶段，我们会想想自己怎么可以做得更多，说得更多，更好地去爱，更容易去原谅。我告诉他，即使他可以回到过去，解决了所有事情，他也改变不了事情的结果，因为关系问题根本就不是问题的源头。他体会不来姐姐的痛苦，更别说去解决了。杰西卡的精神受到了自己所经历的某些事件的伤害。

无法解决的情绪伤痛，再加上她自身的精神疾病，杰西卡根本就无法处理如此多的痛苦。她越是抵触爱和帮助，她对生活的回应也就越激烈。她的情绪随着每一次的失去而更加失控，无论她每次是如何操纵各种情形，她都无法逃脱自己所建的、走向毁灭的迷宫。她拒绝服药，拒绝接受爱和帮助来缓解自己的痛苦。她已经无法处理内疚、心碎以及思维混乱等种种问题了。

当精神与灵魂产生连接时，求生的本能——投入生活，实现个人成长的愿望就会出现。如果精神与灵魂由于疾病、情绪问题或环境而偏离了彼此的方向，那么就会出现分离或者断裂，进而可能引发各种问题。根据问题的严重情况，分离可能会阻碍我们维持关系，或者引起焦虑，甚至是精神错乱。

> 伤口是光进入你内心的地方。
>
> ——鲁米

我们中的很多人都遭受过由于疾病、环境、爱的缺乏或者悲伤而造成的精神伤害。情绪伤害让人变得脆弱，但是它们也是加强力量、构建人格的催化剂。允许脆弱可以扩大爱与接纳的影响范围，这正是我们寻找力量的方式。避免脆弱会切断连接，让我们与灵魂越来越远，离自我伤害越来越近，至少让我们脱离了真实之路。

情绪训练

针对痛苦的训练：拿出一张白纸，闭上眼睛，做三次深呼吸，平静下来。睁开眼睛，写下一两个你认为可以准确描述痛苦本质的词语。可以是一个姓名，一种疾病，某种成瘾行为，或是深根蒂固的内疚。不要多想，写下大脑中浮现的第一个词语。

再次闭上眼睛，开始想象你写下的词语。允许那个词语以及由此产生的情绪在体内随着呼吸自由地流动，像念咒语一般反复读它。通过这样做，我们可以碰触到痛苦，并允许它重新整合，从而成为核心支柱的一部分。开始的时候，你可能感觉到不舒服，但是请至少坚持三个呼吸。

睁开眼睛，把纸翻过去。写下一两个可以治疗痛苦的良药。可以是爱、原谅、一个名字、一句道歉，或者是诸如喜悦或平静的感觉。与痛苦相反的情绪是什么？

闭上眼睛，做三次深呼吸，放松下来。吸气时，想象自己将它吸入体内，并反复读它。将这个情绪吸入你的体内，如果你愿意，翘起嘴角，在整个过程中保持微笑。

当我们存在于当下，疗愈就开始了。存在，意味着我们放下了抵触，抵触越少，执念就越少。

就像那张白纸一样，痛苦和疗愈同时存在，只是位置不同。你不必只是坐着感受痛苦，你可以转向另一面进行疗愈。

如果你愿意给予它们同样的关注，那么有多少痛苦，就会有多少疗愈。摒弃痛苦意味着摒弃疗愈，因为它是你经历的两个方面，缺一不可。疗愈离不开痛苦。你或许会这么想："如果我没有经历痛苦，我就不需要疗愈。"但是，如果你无须觉醒，那么你就不必觉醒。这是科学的正反两面，阴与阳，善与恶。这是人性的经验。当我们拥抱这个真实，并把它融入痛苦的体验，全然的自我关爱就出现了，我们从而可以将这些体验融入疗愈。

假设痛苦缘自怀疑，你最好的朋友与你的伴侣发生了关系，这必将引起信任危机。疗愈怀疑的方法就是信任。为了了解信任的价值，你必须了解怀疑的深度，不幸的是，要做到这一点，需要你有这方面的经验。没有经历过，你就无法了解某种情绪的深度。在你经受怀疑之苦时，你同时可以感受到来自信任的疗愈的力量。你需要经受痛苦来实现成长，信任与怀疑同时存在，存在于同一张纸的正反两面。你不可能在感受其中一种的同时而放弃另一种，这种事情根本就不存在。

灵魂与精神

在讲到有关灵性和信仰方面的问题时，灵魂与精神这两个词语经常互换着使用。尽管它们非常容易被弄混淆，但是二者之间存在着巨大的差异。

精神是人性的一部分，你可以通过它与造物主、更高的自我对话，向世界展现你的灵性。精神可以理解你无法用思维解释的生命现象。人的精神是我们理解和沟通灵魂的一部分。但是，你的精神并不等同于你的灵魂。

我们每个人的精神都不相同，其表现就是品质或性格。我们运用精神的智力去确认另一个精神。通常，我们用光的特质来形容一个人的精神。例如，“她很阳光”或者是“他的灵魂在闪耀”。我们将内心的冲突形容为精神受到了损害或是困扰，你的选择以及你对痛苦的反应将影响你的精神。不论我们是否意识到，精神都是以一种整体的方式来理解生活的。我们存在的某一部分信任未知的规划或者是神圣的指引，而这一点是我们的大脑无法理解的。

你的灵魂就是你，它永不消失。灵魂是你的存在的非实体的部分，它是永生不朽的。灵魂也是你的本质，灵魂是存在必不可少的一部分，也是构成你的本质属性。

灵魂将带着神圣的使命和意义指引你走完人生。爱缘于灵魂，爱会变化，但不会消失。灵魂不会变化，也不会像精神一样发生动摇，它是光这个造物主的作品。你无法对它进行调整、改善或是修补，它就是“它”，灵魂是纯净的、稳定的，是你真实的“自己”。为了体味和谐、感受疗愈，你必须重新发现灵魂，尽可能与它保持一致，与灵魂一致即平静。

你与灵魂沟通以及保持一致的方式决定了你处理恐惧与爱的方式。选择恐惧会让你离灵魂越来越远，选择爱会拉近你与灵魂的距离。精神与灵魂越是能保持一致，你就越是可能拥有一个真实、幸福的生活，这与你真实的本性一致。因此，你将获得更多消化情绪能量的能力，拥有更多建立信任的资源，达到一个理解痛苦的更高视角。此外，你还将拥有更多的魄力来实现自己具有创造力的、充满激情的想法。

为什么根据灵魂生活十分重要呢？因为与你的本质保持一致就是真实的行动和反应的保证。我们的文化和社会将会把你引向某种生活方式，你身边的人或许重视金钱和地位，你却更喜欢付出和简单地生活。你受损的精神可能满足于做个看客，但是你的灵魂可能有其他的想法。你不必将自己看问题的角度以及自己的人生道路与他人的作比较，通过与灵魂连接、向着真实生活，自爱就会出现。这并不是自私，而是拥抱生活。

根据灵魂所给的建议行动，这需要一定的练习。此外，还需要培养倾听、信任和行动的能力，本书第六章和第七章将会介绍。灵魂与内心、思维和直觉沟通。直觉是我们非常熟悉的一个概念，却经常被我们所忽视。通过以下三个步骤，精神与灵魂可以保持一致：

1. 消除干扰：关闭电视、手机和电脑。创造一个可以独处并让自己感到舒服的环境，保证一小段时间不受打扰即可。你的灵魂在等待你，你自身、你的情绪以及你的能量都需要参与。集中注意力；仔细地倾听来自思维之外的声音；听听你的直觉。

2. 记录： 在一个日记本上或是笔记本上随心所欲地书写。写下所有大脑中浮现的想法，直到你的思维沉淀下来，然后继续书写。你的灵魂会在纸页上、字里行间、灵光乍现中、直觉或是来自心底的愿望中闪现。这就是感应。你将听到温柔的鼓励，感受到情绪的质地；你将看到火花以及来自灵魂深处的消息；在你适应内心声音的过程中，你将感受到灵魂。

3. 行动： 按照灵魂所说的行动，不要想得太多，不要批评，也不要去分析。现在就开始行动。如果你想学习钢琴，打电话预约；如果你需要在一段关系中保有空间，马上同对方交流；开始改变、迈出第一步需要勇气。节奏慢没有关系，重要的是现在就开始行动。不要想着从明天开始，从现在做起。来自内心的渴望是积极的、丰盛的、与真实的灵魂相连的，根据这些渴望去行动吧。

消化情绪的能量

肠道决定了我们的健康以及我们是如何面对生活的，它聪明却又需要依赖其他器官。免疫系统主要存在于肠道。肠道还可以帮助我们排出毒素，如果这些毒素没有排出，我们可能死亡。信息以及情绪也是由肠道处理的。这也是我们为什么会说“直觉”和“跟着感觉走”的原因了。肠道及其能量是聪明的、有创造力的和充满激情的。如果无法与肠道保持同步，激情、创造力以及接受亲密关系的能力都会受到阻塞，这也是情绪消化系统受阻的一个信号。

每一个器官、组织和细胞都有觉察情绪，以及回忆快乐和痛苦的能力。如果身体出现微恙，例如，嗓子疼或者胆囊出了毛病，你会记得那种疼痛，你的心智、细胞以及肠道也会记得。人是有情绪的生物，而情绪可以指引我们如何度过一生。我们要么是感受着当下，回忆着过去，要么就是畅想着未来，如果我们不能将负面情绪完全消化，那么这就可能是一个问题。

在情绪还没有深入身体或记忆时，人们就想让情绪停止流动了。我们希望情绪与我们在一起的时间越短，它对我们的影响就越小。用酒精、糖或者其他让我们麻木的东西来隐藏负面的情绪，这是很常见的。我们希望当这些东西的作用消退的时候，情绪也会随之消失。事实上，这么做是徒劳的。负面情绪只有得到了恰当的处理，它们才会消失。如果置之不理，这些负面情绪就会变坏、变酸、变臭，难以被消化，成为疾病的温床。

我们拿堆肥举例。剩饭经过分解之后，其营养物质可以滋养土壤。堆肥促进了有效利用食物并滋养植物的良性循环。在被人类食用后，食物还可以继续发挥它的作用，我们将未被食用的食物返还给自然、昆虫、蠕虫和细菌以便它们分解，分解出的营养物质可以帮助植物生长。情绪也同样适用这个道理。当我们产生了一种情绪后，情绪余下的能量可以进入情绪循环，而不是将它摒弃。人的其他部分会分解这个已经被感受过的情绪，从而生成新的情绪和经历。例如，经过一定的时间和处理，愤怒会转化为快乐或悲伤的养料；喜悦可以为急躁和同情提供营养物质。如此一来，我们就充分利用了自己的资源以及情绪能量。这就是进化。我们的身体和思维不断演化，促进了集体意识的发展。我们应该对情绪负责，不断发展人类的意识，促进情绪和精神的发展。

从我小时候到三十多岁的这段时间，我总是努力消化情绪，尤其是内疚和羞愧这两种情绪。我总是能很轻易地吸收他人的情绪并忍受自己的情绪，这对我的健康造成了不同程度的影响。如果一个亲近的人感到紧张，我也会跟着紧张，认为自己出了什么问题。很多人都是极度敏感的，他们也遇到了类似的问题。如果没有明确自己的界限，那么就很难对情绪进行区分。我当时不够成熟，还不会表达我的感受，年轻的我也无法消化一些复杂的情绪。我只是将这些情绪深深地埋在了心底。

在我七岁的时候，我得了腹股沟疝气，需要做手术。我当时长期便秘、腹胀，腹部和腿部还伴有疼痛。这个病让我的外形也出现了问题。我觉得自己太胖了，有很多超出标准的问题。后来，我明白了肥胖并不是一种情绪。我靠分散自己的注意力来缓解负面情绪，例如，节食、交异性朋友以及和朋友狂欢。当我感受到了自己真实的情绪，我不得不寻找其他的方式来处理自己的情绪和形象问题。很显然，我很痛苦，能量也受到了阻塞。

我经过多年的尝试才找到了一个不错的方法。通过健康合理的饮食、能量训练以及精神与情绪疗愈，我终于走出了愧疚和混乱的情绪，我不再吸收他人的情绪。但是，我还是需要不断努力，才能持续地觉察到自己的情绪、维持健康的关系并给他人提供帮助。本书介绍的方法帮助我接地，让我以健康的方式表达情绪。

我希望你可以制造情绪堆肥。投入一定的时间将戏剧化的反应与真实的情绪区分开来，如果可能，把自己的情绪当作肥料。所有的情绪，无论是积极的还是消极的，都可以被用来作为经历和成长的肥料。情绪越丰富，生命就越丰盛。

选出三种你认为最难消化的情绪，然后想象自己将它们做成肥料。当这些情绪涌现的时候，记住它们是你成长的肥料。对这些情绪进行搅动、翻转，让它们分解。不要摒弃或者切断这些情绪。

你的肠道会直接告诉你应该如何面对生活。不是因为绝望而紧抓着不放，同样也不是放手。紧抓着不放只是控制的一种形式，这会造成系统紧张和堵塞。放手是自暴自弃的权力斗争，只要有需要，情绪会一直在那里，在它准备好转变的时候才会消失。

情绪训练

消除：健康的消化系统可以轻松地排出废物，这也是生命保持流动的关键。增加益生菌和发酵食品的摄入量，减少糖和经过加工的碳水化合物的摄入量，多食用天然食品。保证每天至少一次排便，保证肠道健康。

创造力

不论你是否具有创造力，想要拥有健康、富有生命力的生活，那么一个干净、正常运作的情绪中心就是必不可少的。富有创造性地连接，就好像与灵魂接通，并且所有的电路都是畅通的。当我唱歌的时候，我感到自由和灵感涌动，仿佛世界穿过了我的身体。我的灵魂是幸福的，精神是高涨的。你可能在修车、帮助邻居或是烹饪美食的时候有过类似的体验。创造力是一种独特的表达，无论是什么表现形式都没有问题。

> 艺术家就像是个装满情感的容器，这些情感可能来自天空，来自大地，来自一片纸屑，一抹人影，甚至是一张蜘蛛网。
>
> ——巴勃罗·毕加索

创造力可以诞生创意、艺术、设计、音乐、美食、发明以及书籍。创造力对健康的关系、想象力以及如何处理信息等方面有着重要的作用。打开的能量通道对任何一种创造力的滋养和孕育都至关重要，因此，了解什么可以点燃你的激情也就非常重要了。

最近，我阅读了一个有关九十岁老太太的故事。她是瑜伽教练，同时也是一位舞蹈家。此外，她还有多个身份：母亲、妻子、企业家、老师和跳伞爱好者。在照片中，她的眼中闪烁着成功和幸福的光芒。她就是创造力的充分写照，遵从灵魂的指示去行动，不断挖掘自身的兴趣，不用年龄限制自己。当能量可以自由流动时，创造力和激情是没有边界和限制的。可以见证这一点，真是美妙而又神奇的体验。

创造力是灵魂的延伸。当你陷入愧疚和痛苦时，它会充分展示你的存在。它让灵感迸发，关系得以维持，让情绪转化为自我表达。你越是接地，越是活在当下，你的创造力就越丰盛。

情绪训练

愿景板：一个迅速与情绪中心进行连接的有趣方法就是创建愿景板。准备好杂志、报纸、硬纸板、胶水以及剪刀。将报纸杂志中看起来有趣、好玩或者勾起你回忆的图片剪下来。用语言、颜色、图画或者各种造型将它们组合起来。发挥自己的创造力，心中不带任何评判，用胶水将它们以自己喜欢的样子固定在硬纸板上。进行调整，直到你满意为止。你可以将最后的成品悬挂起来，在冥想中使用它，或者通过它来提醒自己是谁、想要什么。这是一个与你的灵魂、激情重新连接的非常棒的练习。好好享受这个过程吧！

关系与性

建立和维持关系并不容易，但是一切都是值得的。与爱人、家人、友人以及自己的关系都会遇到相似的挑战，真诚、脆弱、坦率，需要连接而非断开连接。当我们困在一段不健康的关系中时，此时就是内疚、羞愧和猜疑在起作用，这时我们需要疗愈，探亲访友就是一个很好的示例。

拜访很长时间都没有见过面的亲戚时，你有什么感觉？当他们激怒你时，你的回应是十岁孩童的行为，还是可以活在当下、接地、保持自我呢？作为一个成熟的成年人，我们可以在任何情况中保持自己未被展示的、更好的自我，包括会亲访友。然而，我们也很容易重蹈年轻时的言行。这是长期以来情绪没有得到接纳和消化的常见表现。

性行为是神圣的、美丽的。归咎于权力滥用和性侵害等现象，性行为现在受到了约束，让人们心生恐惧。对很多人来说，纯洁的性已受到了玷污。不仅如此，我们被灌输的是只有一部分欲望是正常的理念，所以我们限制自己的创造力和想象力，这影响了我们与爱人之间的体验，从而限制了脐轮的能量。

> 性能量可以用作火箭燃料，将我们的意识提升至星空，让我们感受只有爱的存在，而没有其他。从灵魂层面看，这是我们自然的状态。
>
> ——约翰·麦斯威尔·泰勒

我们对爱的怀疑缘自小时候。孩子可以探索的东西太多了——情绪、欲望、性，但是他人不能正确对待性能量的行为，会阻碍孩子构建关于性的健康的态度。我们不愿意承认，孩子受到了大量这方面的伤害。性虐待、色情作品、性交易、乱伦以及性骚扰极其普遍，这就是青春的客观呈现。性化与客观化来自家庭，也来自陌生人或社会。很难处理这些不同层次的有毒能量，尤其对于那些感情还尚未成熟的人来说。

我来自一个中产阶级家庭，在一个普通的小镇长大。小时候的我非常可爱，我的父母也这么认为。我经常被人注视，这让我感到害怕。在我还上小学的时候，放学回家，总有陌生人从车里向我吹口哨。被吓坏的我会跑到最近的、看起来安全的房子，假装我住在那里。放假期间，垒球教练会在我父母不在家的时候来家拜访，带着轻浮的笑容站在门口。值得庆幸的是，我还没有笨到让他进来。一方面，我为自己受到注视而感到别扭；另一方面，我并不想要这种注目。无论男孩还是女孩，都被迫必须处理纷乱的情绪、引起他人失望的内疚、欲望、脆弱以及恐惧。处理这些并不容易，尤其对孩子来说。我所遭受的这些经历让我感到难过、难为情和羞愧。为什么我要经受这些陌生的情绪？是我的错吗？我希望自己开朗乐观，光芒四射，但又不想引起令人不舒服的注视，这让我非常矛盾。经过多年的情绪训练，我才学会了如何分辨他人的注视，是欣赏的，还是恶意的。

> 恐惧是亲密的最大的敌人。恐惧让我们彼此逃离，或者仅仅抓出彼此，而不是创造出真正的亲密。
>
> ——卢云神父

性能量的本质是精神、光、创造力和自由，而不应该给人们带来恐惧。这种能量可以帮助我们更好地控制幻想与梦想，并将其呈现出来。如果我们允许自己感受脆弱、亲密和信任，那么性的活力就会拓宽我们的生命。脐轮的能量在于灵魂的神圣的运动，它在阴阳两性之间自由地流动，取得智慧的平衡。

当你被爱人欺骗、抛弃、虐待或冷落而感到受伤时，你要如何信任你的爱人？我发明了一个词——值得信赖的养育者。这个养育者是个神圣的女性，我们每一个人都有。它是无私的、愿意付出的、谦卑的。她又是有力的、愿意获得的，明白她的力量就存在于她的弱点。我们每个人的女性的一面都了解对养育的需要。她的咒语就是："付出即获得。"值得信赖的养育者不会感到恐惧，因为她创造爱、允许爱的流动，而不是紧紧抓住爱不放或者截断爱的流动。她是艺术与激情的体现，脆弱而又勇敢，纤细而又强壮。她与内心和灵魂连接，不断探索生命的美妙，在尚未体验的欲望中和来自灵魂的精神呼唤中徜徉。她让亲密的美妙得以呈现，让伴侣之间建立信任。伴侣双方都可以是值得信赖的养育者，都可以创造一个安全、神圣的地方来交换爱。掌握了这种能量就是掌握了激情。

练习打开情绪中心的最好的地方就是爱人的臂弯。脆弱，开放，给予、接受喜悦与激情，有助于能量的积极流动，并加强处理情绪的能力。

否定健康的性行为就是否定人类连接与进化的本能。愤怒、怀疑等被压抑的情绪将阻塞亲密的能量，这有害身心健康。即使以健康的、合意的方式压抑爱和欲望也将妨碍灵魂的基本交流。

通过感受脐轮这个情绪中心，你将放飞灵魂的激情。与爱人之间的正常的性行为、身体接触、互相信任以及亲密关系都将恢复脐轮能量的完整性并允许它自由流动。处理内疚和羞愧的情绪，关注情绪和关系可以释放你的创造力，帮助你获得幸福。

情绪训练

跳舞，跳舞，跳舞：音乐对灵魂具有强大的功效，可以让情绪中心的能量流动。随着音乐的节奏放松自己。唱歌，跳舞，感受音乐的跳动。我会一个人在家这么做。跳舞可以解放灵魂，释放创造力，并点燃你的激情。不是扭扭捏捏地跳舞，而是让身体的各个部分全都参与。摇摆身体、扭动臀部、踢腿、跳跃、旋转，像一个疯子一样跳舞！

冥想

闭上眼睛，将注意力放在自己的鼻尖。呼气时，舒展额头，放松耳朵、双肩、肘部、膝盖以及脚趾。

在每次呼吸中加入唱诵：吸气，呼气。根据呼吸进行唱诵，保持身心的稳定。吸气，然后将空气轻轻呼出鼻腔。下次吸气时，保持下腹放松，括约肌放松。想象能量从脊柱底端一直上升至头顶。每一次吸气，你的肚子——肚脐以下会鼓起。每一次呼气，轻轻地将肚子缩回。吸气，呼气。

找到一个充实但并不紧张的呼吸节奏。在这个过程中，你可能会发现原本停止流动的情绪在腹部升起，甚至充盈整个心脏。这是个好现象。如果这种情绪是嫉妒，让它随着呼吸自由地流动。吸气，呼气。试着理解嫉妒的反面。吸气，呼气。吸入喜悦和兴奋。为自己取得的成就保持敬畏。在脐轮完成这一冥想。呼吸、倾听、允许流动。吸气，呼气。

投　人

爱说：“我是一切。”智慧说：“我什么都不是。”我的生命在这两者之间流动。

——尼萨伽达塔·马哈拉吉

如果我们想要获得平静和自由，就必须改变我们的生活方式。我们必须尊重真我，遵从灵魂的欲望，增强自我意志。第一步就是接受你是谁，并向世界展示真我。

初期，与周围的人和环境互动构成了我们的身份。我们通过他人的看法以及他人给我们的感觉来解释自己。此外，我们还运用认知思维来理解和分析外部世界。随着我们不断成长、变得愈加成熟，部分自我和思维会看到更大的世界，我们会对自己在这个世界所扮演的角色感到好奇。此时，我们依据外部的标准来确认自己的价值。但是，在比自我更深的地方，我们还有一个更加完整的身份。如果你对现在的职业不满意，或者你不喜欢自己在他人面前的表现方式，原因很可能是你现在的身份与你的灵魂身份不一致。你可能在他人的教导中生活，而不是在按照灵魂的指示生活。

> 试图隐藏没有愈合的伤口是傻瓜的虚伪耻辱。
>
> ——贺拉斯

孩子在成长的过程中会经历各种各样的情绪，想要将新的情绪表现出来是非常正常的。来自他人的反应可能会让孩子为自己真实的情绪感到羞愧，所以他们学会了隐藏自己的情绪。例如，孩子由于高兴而大叫，可能因此受到父母的责怪，这就是告诉他们，纯粹的喜悦是不好的。如果你在孩童时期没有受到鼓励或表扬，你可能会认为自己做的所有事情都没有价值。如果孩子的精神被严重挫伤，他们可能会自我伤害，惩罚自己，或者压抑由他人引起的消极情绪。我们认为自己有多脆弱，那么认为自己的价值就有多低。不好的情绪或者负面的性格特点越多，我们就越脆弱。一条强有力的链条没有薄弱的环节，而我们感觉自己就是那薄弱环节。无价值感或者自我批评掌控了我们的生活，这时我们感觉自己就是失败者。

太阳轮

能量中心的第三个脉轮是太阳轮，位于肋骨下方、肚子上方这个部位。它掌控着我们是如何自我认知和表达的。太阳轮是我们个性、毅力、决心、自控力、自尊以及自律的根基。它包含了自我认知。如果你还在努力寻找自己的人生意义，那么很可能是太阳轮这个能量系统出现了失衡。疗愈可以帮助重现灵魂的目的以及真实的自我。

我们之所以拥有这么多的才华和能力是有其目的的。只有才华被发挥，我们才能完全实现自己。消极的情绪和不健康的习惯可能让太阳轮的能量无法充分运作，这将导致我们偏离中心，受到制约。羞愧就是一种让我们失去控制的常见情绪，它也是造成太阳轮失衡的主要情绪。

杰西是个帅气的孩子，敏感、自我意识强，喜欢取悦他人。他心胸开阔，有着伟大的梦想，喜欢表演，总想给他人带来欢乐。他与兄弟姐妹以及朋友的关系都很好，但与他爱喝酒的父母的关系却不是很好。家人之间一般的意见分歧总会上升至大吵大闹。冲突和大发脾气是常见的事。被操控和羞愧的情绪也是少年杰西经常有的情绪。

杰西不能像其他孩子一样表达情绪。他总会因为过于兴奋、笑得太多而受到批评和责怪。尽管他很英俊，在学校的成绩很好，也很受欢迎，但是他的价值却得不到家人的肯定。他很少得到鼓励来发挥自己的才能。而他的父母深陷在酒精中不可自拔，杰西的情感也因此受到了伤害。

为了让一切正常运转，杰西对自己的行为控制得过了头。在十几岁的时候，他就学会将鞋子整整齐齐地摆放，他车里的配饰都搭配得恰到好处，衣柜也是干净得无可挑剔。如果他有序的生活被打乱了，他就会大发脾气。后来，他找到了一个让他得以维持秩序的新的目标：头发。

在1973年，人们认为头发非常重要。杰西了解到，一头性感飘逸的长发可以有效地吸引他人的注意力。他发现人们会恭维有着波浪般浓密长发的男人。于是，他开始利用头发寻求家人、朋友以及潜在雇主的认可。他对头发着迷了。

杰西二十岁出头的时候，身上出现了自我毁灭的行为。此时，他还出现了强迫症的症状。他将大把的时间用来吹头发、给头发做造型。如果哪一天头发没有做好，他会向镜子扔东西，用梳子敲头，重新洗澡后再开始做头发。除非把头发做好了，不然他是不会出门的。

各式各样的梳子、吹风机以及发蜡都是他的必备品——为了完美的头发和他人的认可。对杰西来说，完美的头发意味着他值得他人的关注和爱。在某种程度上，杰西已经无法忍受自己是没有价值的这种感受了。他需要用头发来掩盖自己的羞愧。他的情况已经非常糟糕，但这只有他自己知道。

令人难过的是，杰西并没有获得他想要的东西。他并没有因此有了更多的女友和更多的表演机会，他什么都没有得到。这种自我惩罚的行为让他精疲力竭。他出现了严重的心理问题，不愿意去上班、去表演，他觉得自己一无是处。他已经无法控制愤怒，不得不寻求帮助。

羞愧

孩子就像海绵一样，在成长的过程中，他们吸收一切。敏锐的感知让他们得以广泛学习。他们不断地探索自己是谁以及自己的喜好。不幸的是，他们同时吸收并相信他们所听见的和看到的，但他们还不具备分辨事实的能力。十几岁这段时间是确立自我形象和自我价值的时期，也就是在这段时期，孩子有了羞耻心。

羞愧不仅仅是做错事才有的感觉，认为自己有问题时也会产生羞愧的情绪。羞愧的核心理念是你有问题。羞愧会让你觉得自己没有被看见、被爱、被重视、被理解，它表示你还不够好。羞愧让我们认为自己欠妥、不体面、不光彩，羞愧用脆弱来限制我们的生活。

> 羞愧是一种强有力的情绪，害怕我们自己还不够好。
>
> ——布琳·布朗

羞愧是人类本质不完美的自然结果。它是我们成长的一部分，我们每个人处理它的方式也不尽相同。家人以及其他相关的人都会对孩子的性格或行为进行评论或评判。“她太自私了”或“他太固执了”等说法都会对孩子产生长久的影响，进而成为孩子产生羞愧的基础。家长不断指导孩子不要做某些事情以避免让孩子感到羞愧。“不要太过分了”或“不要太敏感了”是我们经常听到的批评。言下之意是孩子天生就可能做过分的事情，或天生就过分敏感，也就是说，孩子是有问题的。孩子将这些话内化，进而产生了羞愧。

为了更好地理解羞愧对我们生活的影响，请想出三个在你的成长过程中让你感到羞愧或者不好意思的东西，可以是性，可以是觉得自己太漂亮而不好意思，还可以是因为自己不完美而羞愧。记录在你的日记本中并进行反思。

除了羞愧，还有很多因素会导致我们情感抑郁。长期存在的情绪可能在日后成为问题，表现为消极的状态或行为障碍。下面是太阳轮出现失衡后可能产生的情绪症状。对符合自己的症状进行记录。

控制问题	愤世嫉俗
情绪爆发	权力欲强
无法采取行动	自私
缺乏信心	神经质
自我伤害	需要成为主导力量
被动	无价值感
固执	害怕死亡
具有攻击性	进食障碍
自我批评	羞辱他人
嘲讽	缺乏上进心
缺乏自控力	A 型人格
成瘾	孤独
好竞争	贬低自我
讽刺	无助
强迫症	个人权利问题

出现各种生理症状同样可以表明能量失衡或情绪失调。长期的能量失衡最终都会反映在身体上。通常，羞愧很早就出现在我们的生活里了，所以它有足够的时间形成健康问题，进而反映在身体或思维上。有些问题可以通过持续的疗愈得到修正，但我们不能以健康为代价而冒险。多数失衡都是可以调整

的，带来的结果是健康、更少的压力以及处理情绪的能力。如果患病或者出现了严重的生理症状，请寻求医生的帮助。下面是太阳轮失衡后可能导致的生理问题：

溃疡	肝或胆囊问题
糖尿病	低耐受力
低血糖	消化系统疾病
纤维肌痛	排气或腹胀

女性通常将多余的、未经处理的能量储存在第二个脉轮——脐轮中（情绪中心），而男性则将多余的能量储存在太阳轮中。羞愧，以及男性想要隐藏情绪的压力通常都会导致失衡。太阳轮掌管着自我意志、自控力以及部分自我，因此，过多的能量存在于太阳轮也就不奇怪了。尚未使用的意志力、自负、暴饮暴食以及强迫行为都会导致腹部区域比较大。

羞愧通过分享得到疗愈。家人、朋友以及互助小组都是表达你是谁、你有什么感觉的很好的渠道。寻找认真的倾听者，向他们表达你成长过程中感到羞愧的事，尽可能地做到坦率和真实。分享可以恢复你真实的自我并疗愈羞愧的情绪。分享不是摆脱情绪或者释放情绪，而是通过积极的能量和可以让你的羞愧自由流动的人，来加强生命的强度。

他人对你的意见与你的自我价值毫无关系。

对杰西来说，咨询心理治疗师可能有一定的作用，但是这并不能解决所有的问题。杰西没有再去他父亲曾经参加的那个戒酒互助会，而是加入了一个类似的互助小组。通过分享彼此的故事和情感，他与小组成员建立了联系，从而也同自己建立了联系。小组成员们分享了各自的自我怀疑、羞愧和自我厌弃的情绪，这种坦率也让他的真实得以涌现。四年来，杰西每天都去参加互助小组，他已经有了足够的勇气来面对自己真实的情绪。他的疗愈之旅也开始了。杰西敞开心扉，自信心也增加了，艺术才华也迸发了。他明白了与真实连接并进行表达是健康得以改善的关键。在过去，他努力控制他人的看法完全是徒劳的。

当我们在情绪疗愈中越来越成熟时，我们就不需要为自己的经历和情绪辩护了。分享是开诚布公的，不需要解释或证明。

羞愧是一种吞没灵魂的情绪。

——卡尔·古斯塔夫·荣格

我永远都不会忘记从内华达州里诺到加利福尼亚塔霍城高速路上的开车之旅。那是一个冬天的夜晚，天很冷，我上了一天课，觉得很累。有一段时间，我住在塔霍城，每两周都会开一小时车去里诺上课。离家远，再加上生活在这样一个严寒的地方，我感到巨大的压力，但是，我喜欢一个人生活，可以探索乡村生活，仿佛自己才二十来岁。这天之所以记忆深刻，是因为我心中满是懊悔。就在前一天晚上，我又陷入了羞愧的深渊，吃了满满一加仑的冰激凌。

这一切都开始于我把车停在了一家便利店门口，买了一加仑薄荷巧克力碎片冰激凌，这是我最喜欢的口味。然后开着车绕湖转了一圈，我用手挖出冰激凌塞进嘴里。我把一加仑冰激凌全都吃掉了。我原以为我这辈子都不会这么做了，我上次催吐已经是一年以前的事情了。但是压力越来越大，我的情绪根基又很脆弱。我感到焦虑、害怕和孤独。我觉得自己做了错误的决定。完成学业对我来说压力很大，我想念我的朋友和家人，而我对此采取的处理方法是抑制我的感情。

我一边开着车转圈，一边吃着冰激凌。就像小狗想把骨头藏起来，我想把自己的羞愧藏起来。我找到了一个没有人的昏暗角落，这样我就可以吐出冰激凌了，它让我的喉咙发热，灵魂哭泣。几分钟后，我吐出了冰激凌。这一切都发生在一只垃圾桶后，一个街角，一个黑暗的停车场里。吐出来的食物替代了我想释放的眼泪和情绪，但是我不知道释放的安全做法。所以我暴饮暴食，然后再吐出来。

我意识到了灵魂那处熟悉而又令人迷惑的地方。从小时候开始，我就觉得自己和他人格格不入，尽管我在学校很受欢迎。我的声音没有被家人“听见”，我对自己的才华或梦想没有信心。我并没有寻求帮助，而是借助了食物。我把食物看作了控制负面情绪的工具。在我的高中时期，食物为我提供了安慰，也给我带来了痛苦，我依靠二者来满足羞愧的需要。当我的胸腔和腹部发出了警告时，我非常害怕这伤害是永久的。我明白我需要帮助。

我特别渴望做一些与众不同的事情。第二天晚上，我放学后从里诺开车回家，我必须决定应该如何处理自己的情绪问题了。暴饮暴食——催吐已经不适合了。我的羞愧更加严重，我需要“短效药”。所以，我将车停在了一家便利店前，然后进去买了烟。

小时候，我很不喜欢爸爸抽烟。我会哭着求他不要再伤害自己了。上大学一年级的时候，我会对吸烟的同学嗤之以鼻，非常反感。但是，我现在处于人生的关口，急需某些东西来帮助我停止暴饮暴食——催吐这个循环。与催吐相比，吸烟可能是一个更好的选择。从那天起，我再也没有暴饮暴食了。接下来的几年中，我每天吸的烟刚好满足我的情感需求。

用一种不好的习惯来替代另一种不好的习惯是很常见的做法。我们这样做是希望给生活带来改变，同时避免自己掉入情绪陷阱，就好像我们可以通过做假动作赢得胜利。

同其他问题行为一样，食欲旺盛也是控制力的问题。如果一个人极度害怕面对真实的（通常是负面的）情绪，他们就会进行自我伤害或者创造其他形式的痛苦。与其控制由他人引起的羞愧的情绪，自我施加的羞愧情绪会更好控制一些。我们认为由他人引起的羞愧情绪一定是真实的，而且通常是很难管理的。我们告诉自己，真实的东西是无法改变的，所以自我施加的羞愧就成为新的焦点。它允许我们将受伤的情绪深埋心底，诸如进食障碍等应对机制可以填补情绪陷阱的空虚。通常的情况是，一个人无法得到所需的情感滋养，或者无法处理情感抑郁，所以通过控制食物来控制自己的状态。有关这方面的影响因素和理论已经很多了，但是总的来说，进食障碍是表达内心空虚的有形方式。通常的表现是，进食要么过少，要么过多。

对于多数人来说，感到空虚是非常正常的。内心的空虚或者不满是因为切断了我们和本源以及灵魂的联系。没有什么东西可以足够填补自我价值缺乏、自我怀疑和羞愧情绪，除了与这些连接之后产生的力量。这就是一体和连接的力量。我们离本源越近，我们就会感到越自信、越“完满”。

如果我们的感情是分离的，那么就不可能完全实现自我的潜能。就像对身体做按摩一样，情绪疗愈通过进入紧张、受限的情绪，允许情绪重新流动和再生。通过解决根深蒂固的问题，在体内构建新的生命，允许体内的血液和氧气自由地流动，从而减少了痛苦。

情感疗愈比实现目标和幸福还要重要。有了平衡、健康的能量模式，我们就可以更好地采取措施来应对生活中的挑战。为了充分实现自己的潜能和人生目标，我们的各个部分都需要健康地运行，包括情绪。做最好的自己需要耐力和毅力，还需要每天早晨起床去完成毕生事业的欲望和投入。深陷情感痛苦并不能使你受益，正如缺乏锻炼和对健康的投入，你就无法获得良好的体魄，这个道理同样适用于情绪健康。你只有处于最好的状态，才能表现出最好的自己。要想在生活中取得成功，你的情绪也必须是最好的状态。

生活的目标没有大小之分。你的目标可能是照顾养老院的某位老人，或者是养育一个“托马斯·爱迪生”式的天才，再或者是发明一个可以救人的装置。按照灵魂的欲望生活是自爱的最高形式的表现。实现梦想、做最好的自己需要控制力、意志力的能量，按照你的核心和本质——真实的自我——生活。有些人的梦想就是过简单的生活，而有些人的梦想是获得诺贝尔奖，二者都可以服务于人类。才华和天赋绝不是毫无价值的。

> 人生中最为欣喜之事莫过于知道你是谁。
>
> ——奥修

羞愧的陷阱之一就是让我们相信我们不是原本的自己。认同羞愧，就等于认同了我们的弱点。我经常听到人们这样为他们不恰当的行为进行辩护："我就是这样的人啊！"他们根本就不是"这样的人"。这只是消极的自我认同被羞愧包裹后的表现。尽管有一些人声称自己想要摆脱痛苦，过上更好的生活，但是他们根本不知道如何摆脱羞愧。如果他们相信自己是"急躁的""没有价值的"或"迟钝的"人，那么他们已经掉入了负面模式中。

怠惰可能是影响我们处理情绪的一个因素，但是，多数的负面模式都与我们所认为的最薄弱的环节——习惯和常规一致。于是我们就认为自己具备某个特点。你所展现的不良的习惯和特点，以及他人对你的看法，都不能说明你是谁。你是爱，你是光；你本性纯洁，在不断成长和进步。如果你全力以赴，你就可能看到你灵魂的本质。

情绪训练

童心：在一张纸上，写下自己小时候喜欢的三样东西，例如，喜欢的颜色，建造城堡，烤饼干。我喜欢跳舞，喜欢拿着麦克风采访家人。接着写下你长大之后喜欢的三样东西——在行的事情或者仅仅是喜欢的东西。这六样东西中是否有重叠的部分？在页底写下一个词或一份工作说明，其中至少包含六样东西中的一样。

真实缘自灵魂。灵魂在你的日常生活中寻找着它的位置，想要表达你真实而独特的内心。如果你接受了这个请求，你的生活也就具有了更加实质性的意义。但是，你首先需要摆脱错误的自我认知。你必须回到真实的自己，疗愈自己被伤害的认知。只有这样，你才能真正相信自己真正的使命。

桑迪是在绝望之下才找到我的。她是一位律师，由于酗酒，她已经停业一年了。在外人看来，她已经拥有了一切。她聪明、漂亮，拥有一个幸福的家庭，一切都很好。而她的内心却十分痛苦，被恐惧和羞愧吞没了。她通过酗酒来逃避羞愧。直面这个世界，对于她来说太难了。

她告诉我她很害怕。我邀请她识别内心的恐惧，这样她才能明白她逃避的对象是她自己，而不是世界的某样东西。她回答道："我不知道。不可能有那么可怕的东西。但它就是那么可怕。"这是羞愧在起作用。

桑迪太过于聪明了，这对她不是一件好事。你可能认识像她一样的人。理智、过度分析、忧虑、爱掌控，可以说服自己做某事，也可以劝阻自己不做某事。尽管她可以和别人一起讨论自身的问题，却无法允许自己与她的身体和情绪连接。她在堵塞羞愧。令人难过的是，她的家人对她过于保护，避免她直接面对情绪，这让桑迪的情况更加糟糕了。

通过我们双方的努力，桑迪取得了巨大的进步。她参加相关课程，重新拿到了律师执业证；她还定期参加冥想课程，并为未来做了规划。但是，桑迪仍然感受到了羞愧带来的痛苦，还是需要与自己真实的情绪作斗争。最后，她参加了康复小组，那里远离各种刺激源和深根蒂固的模式。在那个封闭的环境中，没有家人和朋友的支持和保护，桑迪冲破了通往羞愧的墙壁。

> 思想不会克服恐惧，但行动会。
>
> ——克莱门特·斯通

多数人都想识别出造成阻塞的恐惧或其他情绪。我们与自我越分离，就越容易迷失于外部世界，也就越难以破解我们的内心世界。面对诸如羞愧这类的情感并不容易，但是在身体出现严重问题之前，身体可以长时间地选择逃避。爱能疗愈羞愧，接受真实的自我疗愈的开关。在你逐渐接受自己真实情绪的过程中，你对自己的关爱也在加深，带着爱看到的生活会更有意义。你注定要来到地球。你独特的才华、天赋以及目标有利于世界维持动态平衡。不论你过去相信的是什么，你都有存在的理由，并且你存在的意义重大。要完成自己独特的使命，只能依靠你自己，你必须在内心、思维和情绪方面保持主动。生活困难重重，很容易迷失自己，但是为了欣赏山顶迷人的景色，所有的付出都是值得的。

情绪训练

能量医学：在处理羞愧这种情绪时，能量疗愈首先可以很好地将心神不定、自我批评以及缺乏价值等难对付的情绪进行转化。向富有同情心的疗愈师进行咨询，对方最好有从事体能极性疗法、触疗愈等其他需要亲身实践的疗愈经验。进入一个疗愈的圈子，接受不同医师的治疗。采用身体律动和呼吸的能量疗愈模式有很多，包括瑜伽、气功和太极，它们的作用都很明显。开始探索吧。确保环境允许你安全地移动，将思维和呼吸与身体连接。最重要的是，你可以在这个环境中做你自己。

合理的羞愧

羞愧也能给我们带来好处。合理的羞愧是道德水平与价值体系的晴雨表。如果我们伤害或者误会了一个人，羞愧就是提醒我们违背了自己的原则，因此我们会感觉不舒服。合理的羞愧鼓励我们去补偿由自己造成的伤害。在问题得到改正后，我们会感觉良好。

拥有稳定平衡的情绪需要合理的羞愧。当两种羞愧混在一起的时候，特权、自私、侮辱、批评、讽刺、羞辱都是常见的、不健康的反应。如果我们没有对自己伤害他人的所作所为负责，那么我们会感到更加羞愧。为自己错误地使用羞愧而向他人道歉，也是自爱的表现。

情绪训练

改正：对给他人造成的伤害进行补偿不是一件容易的事情。为了让真实的自我重新获得平衡与完整，请现在就开始改正。向因为自己的言行而伤害过的两个人进行道歉，写下真诚的道歉。他们或许永远都不会看到，但是你可以假装他们会看到。请带着真情书写。

你的精神有警告你什么东西丢失了吗？你在寻找更深层次的满足与平和吗？工作并不总能给你带来满足感，工作时的态度和能量同样可以给你满足感。如果你与灵魂的目的同在，那么实际所做的工作就不那么重要了。就像有句格言所说："重要的不是你做什么，而是你如何做的。"

室利·尼萨迦达塔·马哈拉吉（Nisargadatta Maharaj）是

一位印度的圣哲。他写了许多关于正念、自我意识以及顿悟的文章和书籍。他的教义帮助了成千上万的拥有不同背景的人们。尼萨迦达塔是有史以来最伟大的导师和思想家之一，但是他依靠自己在印度开的一家店来销售烟卷维持生计。为了满足自我的需求，一个人应该做他需要做的事情——尼萨迦达塔就是这么做的。他并没有为此感到难过，担心自己失去身份，或者由于琐碎的工作而影响自己。相反，他利用灵魂的力量为全人类带来了宝贵的精神财富。

拥有真实的生活告诉我们：你的工作没有你是谁重要。重要的是表达灵魂的渴望，这可能发生在一个商店的柜台后，一间办公室里，或者在家照顾孩子的时候。

你可能没有宏大的人生目标，但是如果你意识到了所有的生命都是连接在一起的，那么每一份普通的工作就与其他的工作同样重要。你并不是电脑的发明者，但是你在工厂工作为制造电脑出了一份力。如果电脑无法被人使用，那么这项发明也没有什么价值。

绝不要相信你的贡献没有那些伟大的工作重要或者有影响力，重要的是，无论是在工作中，还是在生活里，活出自己真正的使命。每一份工作都有其重要意义，它们让整个世界变得更加美好。

> 我们不必觉得自己可耻，身为众生，我们具有极好的背景——这些背景也许不含特殊的开悟、祥和或才智。尽管如此，我们还是拥有可耕之地，我们能在这块土地上种植任何东西。
>
> ——邱阳创巴仁波切

你赚多少钱并不能决定你是谁，或者决定你的灵魂想要什么。一个人的生命意义并不是根据他赚多少钱决定的。有些人不这么认为，其实这只是失衡的自我的毫无意义的追求。自我发现追求财富可以带来丰厚的回报，所以就将财富定义为成功的标准。丰富的物质生活并没有什么问题，它可以给我们带来满足感，允许我们利用教育、健康或艺术的进步所取得的资源和收益来帮助他人。然而，贪婪和财富极容易让我们真正的幸福发生失衡。

你是如何定义自己的？不是通过你做了什么，而是通过你的自我认知。列出三个认知自我和目标的描述，以“我是……”开头。

篱笆外的草总是分外绿

“篱笆外的草总是分外绿”这种思维会带来更多的羞愧和分离。这句话的意思是“那边”比“这边”好，它意味着你自身还不够好，你拥有的还不够多。媒体的宣传让这个问题变得更加严重。“那边”更好、更美、更成功。当你到达了“那边”，你就不会痛苦了。“到达那边”可能是在你离婚、减掉20磅、升职或者赚更多的钱之后。

这种心态本质上是一种幻想，对当下的进行疗愈和获得幸福毫无帮助。幻想“那边”的生活好于当下的生活，你的创造力就会变得怠惰。你会将自己的责任全部推卸给家庭、工作或者社会。你不会去处理自己真实的情绪，你会延迟获得平和与喜悦的可能，认为环境自然会给你的内心带来改变。你会在工作之后、小酌一杯后、小憩过后等待幸福的降临。这种心态遮盖了你当下真实的情绪。它与正念背道而驰，是自伤的一种表现。在情绪疗愈中，没有这边或那边，只有当下或未来。意识到“未来”也只是某一时刻的“当下”，而这是开启觉醒的大门。为了保持清醒、与真实的自我连接，我们必须选择当下。

我发现，有时候我们需要在错误的地方才可以获得到达对的地方的动力。刚到纽约的时候，我在一家短工中介工作。这份工作的薪水足够我支付账单，但是我却感到无聊透顶。我觉得自己每天都在被掏空。这并不是我搬到曼哈顿的初衷。我在错误的河湾中随波逐流，随着日子一天天地过去，我变得越来越焦虑。我的灵魂被一堵墙困住了。我每天的工作就是不停地填写文件，我的精神也因此变得越来越麻木。我的梦想是在纽约创建一家经营健康的传媒公司，但是出于恐惧，我选择了退而求其次。每一天都变得越来越煎熬，我的灵魂也变得焦躁不安。我越是想让内心的风暴平静下来，我就越惊慌。直到有一天，我实在是无法逃避灵魂的诉求了。要么回到正确的道路，要么崩溃。于是，我辞了工作，将重心重新聚焦在能量上。我重新回归了正确的道路。

你曾经有过类似的经历吗？这叫作摩擦。如果你学会如何利用它，那么它就不是一件坏事。它可能让你惊慌失措，但同时给予你改变的机会。就好比将弹弓拉满弓，如果你不让皮筋弹出，皮筋就可能断裂。

你在隐藏什么

隐藏自己的低自我价值和羞愧并不罕见。人们用工作和其他活动来逃避自己了解和发展使灵魂完满的技能。我们逃避的行为有：恐惧、疯狂购物、否定享受、使用错误的认知以及暴饮暴食。脂肪这层保护膜是我们躲避情绪冲突的藏身之所。多余的脂肪可以储存我们的负面情绪，妨碍亲密关系和自我发现之旅。有些人试图通过灵性的掩饰，或者某种饮食方式把自己隐藏起来。如果隐藏得好，连羞愧也能被遮掩起来。但是，他们并不是拥有良好心态和冷静头脑的斗士。他们的内心被自我怀疑、焦虑、完美主义、低价值感、忧伤以及其他长期累积的消极情绪填满。我曾经用贪食症、素食主义以及其他控制手段来隐藏自己。我们用一种行为替代另一种行为，以对抗羞愧、恐惧、内疚以及其他负面情绪。当我们躲避在这些替罪羊后面的时候，我们就失去了增强我们生命的积极方面的机会。

通过运用我们的才华和天赋，我们的自体感也得到了加固。当我们与灵魂的步调一致时，精神就被点燃了。正如肌肉需要锻炼，我们同样需要运用自我价值感以及其他可以强大自我的属性。意志力、决心、自信、自我控制力以及合理的界限都需要定期操练。肌肉总是有增长的潜力，但是需要经常使用。作为一名按摩理疗师，我见证过薄弱的肌肉造成的痛苦。很多人都认为酸痛是由于肌肉紧绷造成的，其实未得到充分使用的薄弱的肌肉也可能引起酸痛。肌肉就是被用来工作和干活的。健康的肌肉也会疼痛，它只是在完成工作。适当的运动和健康的体魄会让我们感觉良好。痛痛快快地哭具有净化情绪的作用，开怀大笑会给我们滋养。情绪问题解决得越多，我们就会变得越来越健康、越来越强壮。

情绪训练

项目规划：每个人都有梦想。可能是创建企业或是缘自内心的某个创想；可能是乘船环游世界或是创作歌曲。在纸上画下三条横线，把纸张分为三部分。将第一部分命名为“项目”。另起一行，写下对目标的描述及其原因。虽然这看起来挺傻的，但是请继续完成。将第二部分命名为“大纲”。列出完成目标所需的材料和资源，以及需要完成的项目和任务。不需要考虑成本，稳扎稳打地完成每一步。只要写下完成目标需要的条件即可。将第三部分命名为“时间线”。合理估算完成所有任务需要多长时间。不论你是否会去行动，至少将此次练习做完。在第三部分的末尾，写下完成日期。回顾一下项目规划。如果你打算完成这个目标，在页面底端画两条横线，签字并写明日期。这就是一份正式的合同了。

行动

多数人都在寻求他人的反应，这是获得注意力、控制局面的徒劳的尝试。反应滋养自我，响应构建关系。反应，对方掌握控制权；而响应是深思熟虑的行动，允许双方平等参与对话或活动。积极的行动和响应可以让我们与世界进行健康的互动。

如果你的行动力不强，那么你的回应也不够有力。在积极的行动能量与消极的回应能量之间存在着巨大的差异。前者是保护性的、强有力的；后者是防御性的、虚弱的。

保护

你周围的人在消耗你的能量吗？通常，我们把这些人称为"能量吸血鬼"。他们就像有毒的黏性物质，沉重、烦人。他们营造的负面的氛围会威胁到我们的空间。事实上，如果你不允许他人的行为或能量控制你的反应，那么就没有人可以消耗你的能量。我们将巨大的力量都输送给了他人和令我们害怕的能量，所以我们总是处于防御状态。

> 学会响应，而不是反应。
>
> ——佛陀

我经常被问到这样的问题："我如何保护自己不受到那些

消极的、有毒的人的影响？”答案是让自己成为拥有力量的一方，拥有强有力的、稳固的、自信的能量，停止防御的姿态。防御意味着，在你受到进攻时，你却把胳膊举起来缩在角落。我总是拿拳击比赛打比方，在比赛中，总有摆拳的一方，而另一方则在防御这个摆拳。这和多数人的生活类似。他们感到害怕时，会将时间用于阻挡或逃避打击。他们毫无攻击性，不会想象自己拥有强有力的情绪支柱而昂首站立，也不会想象能量从身体的每一个毛孔中散发出来。如果有人向这样的他们摆臂，就好比在向一面墙摆臂。消极无法与你散发出的有力的正面能量匹敌。

你之所以会失去力量，是因为你相信他人有能力影响你平和的状态。这个道理同样适用于各种形式的能量保护。尽管现代的智者在售卖水晶，并且存在着被认为拥有强大的保护物的智者，但是，最好的保护就是拥有有力的核心，与你自己保持连接，与每一次经历保持连接；增强自己去经历、渴望自由与完整的决心。在你疗愈的过程中，在你学会自爱的时候，这一切才会发生。

消耗（被掏空）可能与你想的不一样。消耗不是事情做多了，而是正确的事情做得太少了。当你把生命力投入重要的事情上时，你就不会感到能量在耗竭。你会感到精力充沛，觉得自己没有可以输出的能量了，意味着你的资源正在失去控制。这是你射不出子弹、感到忧虑的表现，同时说明你需要调整了。你的能量不足以支持你打中灵魂的靶子。

> 不要将宝贵的能量花费在保护自己不受他人负面情绪的伤害上；加强自己的能量，让能量坚不可摧。

将信念投射到他人身上就是在消耗我们的能量。我的母亲曾经教给我一个照顾植物的经验，即将枯死的叶子会持续吸收植物其他部分所需的营养物质。如果你剪掉已经失去生命的这部分叶子，其他部分会因为得到更多的能量而更加旺盛。将能量给予不需要的人或者那些没有对你的求助进行响应的人，就是在消耗你的营养物质。如果你持续这样做，你很可能成为情绪的殉道者，把他人看作自我忽视、拥有消极情绪的借口。

你不用担心其他人在做什么，请将注意力放在自己身上。你能做什么可以让你自己更强大？如果你发现自己将注意力放在某个人或者某件事上，这很可能是你需要构建一个更加安全、更加坚固的核心支柱了。如果你的核心支柱不够强壮，你的生命力就会泄露，而他人的消极能量也会进入你的身体。这就好比身体上有一个个洞。在我们情绪虚弱，还不饱满的时候，我们很容易受到消极能量的影响。我们应该用刚毅、自信和决心填满这些并不牢靠的洞，通过情绪训练来加强你的根基与自我认同。

情绪训练

界限：运用呼吸冥想训练来标清你的界限。能量是真实的、强大的，学会扩大自己的能量，从而变得强大。闭上眼睛，深深地吸一口气，然后自然地呼出，不需要外力介入。想象有一个无形的泡泡环绕在你身体周围。它看起来是透明的肥皂泡。每一次吸气，想象这个泡泡在向各个方向扩大。缓慢、专注地呼吸，因为你不希望泡泡破裂！当你呼气的时候，泡泡还在那里，此时想象它的力量在不断增强，随着你的呼气在不断变大。环绕在你周围的这层薄膜就是你的光环。当你专注于呼吸的时候，你的能量也在不断增加。

控制

帮助他人生活得更好实际上是我们控制他人的一种形式。尽管我们的内心只是想“帮忙”，但是帮助他人还有更加健康的方式，这种方式可以避免消耗你，或者避免剥夺他人的控制权。

帮助和控制是完全不同的行动。我们帮助的对象需要愿意接受帮助，如果他们不愿意，你就剥夺了他们控制的权利。有些人喜欢掌控的感觉，掌控让我们觉得自己强大、有价值，希望他人按照我们的信念行事。但是在情绪疗愈中，尤其是关于疗愈羞愧，我们必须注意不要发出命令。以下三种控制方式是非常危险的：

1. 违背他人意愿进行控制；
2. 过分控制自己的生活；
3. 缺乏自我控制。

如果你帮助的对象也在寻求帮助，那么你的帮助就像是爱。尽管这个爱是严苛的，但是双方都自愿参与。无论结果如何，带有善意的帮助通常是受欢迎的，并被看作积极的行动；违背他人意愿提供的帮助就不是积极的行动，除非涉及危险。例如，控制他人的职业选择就是自私的行为，它基于恐惧或贪婪；不允许伴侣考虑如何安排家庭预算是对伴侣的操纵。有时我们贬低他人的行事风格是出于我们自身没有安全感。这些控制都是负面的，反映了个人的羞愧情绪和没有安全感。

我们过分控制自己的生活是想隐藏我们的羞愧和焦虑。正如我前面提到，人们控制羞愧的方式多种多样：与父母对着干、限制饮食或暴饮暴食、各种形式的自我折磨、恐惧、过于僵化、强迫症以及肛门滞留型行为，等等。

另一个极端则是缺乏自我控制。美味的零食很容易就让减肥的决心摇摆不定；孤独的感觉打败了结束一段关系的决心。缺乏自我控制缘于羞愧的软弱，它证实了我们对自我价值缺乏信任，反而被我们的弱点所控制。

可见，合理的控制是有必要的。多数情况都应该在控制之内，这个控制者也许是上帝，也许是你，也许是飞行员。对于无法控制的事情，我们需要学会信任。随着我们更加信任自己，信任这件事也就更容易一些。如果你对自己、自己的信念以及自身的能力有信心，那么就可以轻松地信任他人。

打开心扉有助于提高对自我的信任。你会对活动更加投入，更加渴望表现出自己最高的水平。于是，积极的结果也会随之而来，你可能会受到表扬，这反过来可以加强你积极的行为和自我价值。你的情况发生了转变，你也因此会相信他人是积极投入工作的。

情绪训练

核心训练：为了加强情绪核心和能量核心的力量，我们首先要加强身体核心的锻炼。我建议做仰卧起坐和后弯。为了加强腹部核心肌肉的力量，建议做仰卧起坐，每次做 10—25 个，每周 3—4 次。还可以做一些后弯的动作。如果你身体僵硬、不够灵活，可以躺着，弯曲双膝，脚跟靠近臀部，向上提起臀部，胳膊和手不离开地面，保持呼吸。这些练习可以拉长和收缩你的核心肌肉。

并不是所有人都会赢得你的信任，但是信心会让你放下控制，给他人完成工作的机会。这同样适用于上帝和飞行员。合理的自我控制、健康的自我形象可以加强你对他人的信任。随着你开始信任自己，你也会开始信任生命。

意志的力量

否认情绪是削弱意志力最快的方式之一。你的意志与你核心的使命以及灵魂直接相连。如果你阻止了情绪的表达，这会压制或削弱你的意志。意志原本就是自由的，任何的限制都是有害的，因此，意志需要有选择的自由。意志的作用之一就是帮助现实，然后继续前行。真相让意志充满生命力，即使真相难以让人接受。

如果意志得到了表达，那么你就可以与灵魂和谐相处，你的存在会变得更加有力、被人看见，你也将成为力量与健康的榜样。遵循真实的自我意味着你接受了真实的自己，你活出了真实，将成为他人灵感的源泉。

思想、情绪和意志缩水、变得软弱并不代表人的本质。通常，本质不会变得更加软弱。这不是健康的表现。如果你的意志缺乏决断力，那么你会一直虚弱。而虚弱的存在不会创造积极的变化和精神进化。

生命的本质在于延展和成长。从物种角度来看，我们的能量和思维在不断进化，我们不会变得脆弱，相反，我们会变得更加强大、更加聪明。进化意味着生命虚弱的部分将会消失并发生转化。

运用你的意志吧！多做一些直觉告诉你的事情，成为你自己，并坚持下去。我们总是将时间花在琐碎的任务上，或者满足他人的需求上。现在去完成自己的目标吧。花时间去满足自我的需求，这并不是我们通过跑步获得健康，或者去做指甲就可以了。这里指的是真正的自我关爱。让灵魂休息，聆听更高力量的指示，去做你认为有意义的事情吧。

如果你没有去完成自己的目标，或者没有完全投入心灵的召唤，你就是在损害和削弱至关重要的生命能量。肌肉是用来工作的，情绪是用来消化的，你的目标需要去实现。

冥想

从注意自己的呼吸开始。自由地呼吸几次后，闭上眼睛，想象自己赤脚走在柔软、清凉的土壤上。每一次的呼吸就代表向前走了一步，几次呼吸后，你看到了一个拱形圆顶小泥屋。吸气时，你打开了门；呼气时，你躬下身子走进门道。走到屋子中间后，呼气，轻轻地坐在地上。感受凉爽的土壤以及空气中矿物质和水的味道。吸气，呼气时，门轻轻地关上了，屋子里几乎完全变黑了。你不会感到恐惧，你感到安全和受到了保护，仿佛你在妈妈的子宫中。闭上眼睛，保持呼吸。吸气时，心中默念“我是”，呼气时，进行聆听。再做一次：吸气时，心中默念“我是”，呼气时，进行聆听。你可能会听到内心真实的声音。呼气时，吐出这些声音。“我是老师”“我是有价值的”“我是艺术家”。无论你在这个屋子里听到了什么，重复说给自己听。你可能会听到很多有力量的话。“我是。”“我是。”呼吸，聆听。当你做好准备，慢慢地离开屋子，回到当下。

第二部分

Chapter 2

觉　醒

绿 洲

生活始于恐惧终结处。

——奥修

该是将我们真实的内心世界展现出来的时候了。我们很多人的内心隐藏着痛苦和悲伤，让我们始终处于情绪的贫困线下。恐惧是致使我们接受这种状态的原因。我们害怕情绪、失败甚至是成功，更主要的是，我们恐惧爱会带来痛苦。你可能认为："如果爱了，我就会受伤"或者"同其他事物一样，爱也有消失的一天"。为了逃避深切的痛苦，我们逃避深沉的爱意。我们明白做出改变所需的欲望和能量，我们也知道恐惧是如何捆绑自己、影响我们的抉择的。疗愈内心的唯一办法就是改变看待恐惧的视角。

恐惧缘于断开连接。

恐惧缘于断开连接，恐惧关闭了心和爱的大门。断开连接的终极体现就是死亡。当我们试图停止改变，自我施加的痛苦就会产生。对“一些事情”变为“虚无”（死亡）的恐惧让我们深陷在负面情绪中。你可能不恐惧肉体的死亡，但是对死亡的恐惧还有其他表现形式。试想一下对改变的恐惧。我们认为改变是对我们已知的终结，会把我们带向未知的巨大的空虚。

值得欣慰的是，灵魂永远都不会消亡。人、地点以及事情都可能改变，但是灵魂的能量是恒久不变的。我们不是死了，而是转化了。

对情绪或希望的正确回应不是“随它去吧”或“就让它改变吧”。如果你允许改变，那么就没有必要强迫自己给出其他回应，当下该出现的就一定会出现。试图改变已知事实会造成无谓的伤心。如果需要不同的东西，那么改变就会发生，这就是进化的本质。能量和灵魂都不会消亡，事实上，正是转化才让生命有了可能。

许多人都觉得自己头上悬着一朵乌云。他们认为自己“被诅咒了”，所以在寻找打破“咒语”的方法。这就好像是危险在迫近，而他们却无法逃离。然而他们感受到的乌云其实是内心集聚的情绪能量准备好要释放和转化了。

乌云不是为了遮住光，而是为了滋养生命。

小学五年级的时候，我梦想成为一名气象学家，因为我刚学会读这个词。虽然这个梦想没有实现，但是对气象学的兴趣让我对云彩和水有了更多的了解。地球70%的面积为水所覆盖，人体的60%都是水分。水是流动的，如果身体的绝大部分是流动的，地球的绝大部分也是流动的，难道我们不应该认为人的状态也是流动的吗？正如涨落的潮汐，我们的情绪也是流动的。

云是水循环的重要组成部分。它们是凝结的水汽，可以滋养地球这个生态体系。地面的水蒸发后就成了水蒸气，植物参与的这个过程被称为蒸腾作用，水从叶子的气孔蒸腾为水蒸气，然后进入大气。水蒸气遇冷变成小水滴，这些小水滴组成了云。云越来越厚，最后支撑不住降落地面，就形成了雨。乌云只是大量水蒸气凝结后形成的小水滴——云层越厚，光就越难穿透。

在这里我想讲一个关于云朵卡尔文的故事。卡尔文喜欢做云彩。一天，卡尔文从其他云彩那里听到了一个可怕的消息。他们说卡尔文很快就要释放自己的水汽，他的外貌、形状和本质都将发生变化，他再也不会是从前的样子了。这让卡尔文感到害怕和恐慌。他将遇到的每一滴水都收集并储存了起来。水滴越积越多，卡尔文也变得越来越暗、越来越重。他不喜欢自己就要变成的样子。他觉得自己必须马上做点什么，因为它无法承受那巨大的压力了。

卡尔文好不容易积攒了一点儿勇气，慢慢地降下了一些水滴，后来越来越多。在水滴不断下降的过程中，他发现雨水滋润了土壤，促进了美丽的花朵的生长。他的雨水还洒向了河流、湖泊，各个年纪的人都在街上跳起了舞。卡尔文为自己对这个世界做出的贡献感到高兴，尽管他和之前不一样了，但是他比以前更有生命力了。他意识到改变并不意味着死亡，相反，他的改变为地球上的自然过程提供了一种新的形式。如果他没有下雨，那么花朵、河流以及庄稼都无法存活。

我们的情绪就像水分子一样，最终都会从身体和情绪主体中转化。每一种情绪“遇冷”，都会在我们的能量系统中凝结成“云”。“情绪云”会在某件事或某个记忆需要某种情绪的时候降雨。如果这个过程在我们的生态系统中中断了，“情绪云”就会收集更多的情绪，看起来阴沉又可怕。这种重压会让我们抑郁、情绪虚弱、无法自由地行动。从长期来看，被忽视的情绪可能导致创伤后情绪障碍（PTED）。

创伤后情绪障碍的表现有失眠、焦虑、抽搐、抑郁、回避行为、上瘾以及其他问题。我们会治疗这些表征，却不会去治疗引起这些表征的情绪。为了实现疗愈，我们必须找到承认所有情绪存在的勇气，并处理它们。

有人曾经对你说过，“你可以挺过去的”，或者“你应该差不多挺过去的”这种话吗？时间可以削弱痛苦的强度，但是，如何面对情绪才决定了我们的健康和幸福。“挺过去”是“放下”的通俗说法，它并不能帮你处理情绪，你也无法实现疗愈。

没有越过现实的路径，让自己处于疗愈和情绪能量的现实中。每次想到那次强暴或者其他创伤，我都会感受到一种情绪。这种情绪在一直变化；这是时间和情绪转化的作用，不断变化的情绪需要我的心和思维是柔软的，感受情绪并不是说我没有“挺过去”，而是说我和它同在。我的经历是我的一部分，也是我支柱的一部分。

你可能认为，如果你对某件事或者某个人没有情绪，那么说明你已经“挺过去了”。或许你的意思是，你当时并没有对痛苦的出发点进行回应，这是一个好现象。但是，情绪的能量永远不会消失，所以你绝不可能对某件事没有情绪。你很有可能是在麻木自己、否定情绪。你正在经历冷漠这个阶段。所有事情都会引起情绪，我们需要接受这一事实。没有什么比尊重真实和接受真实更勇敢的了。

同生活一样，爱也是在痛苦中得到转化。疗愈的渴望始于内心，自我关爱对生理、情绪以及精神疗愈都十分关键。我们有能力从生活的起伏中恢复过来。正如身体有自我治愈的内在能力，情绪主体内也可以利用我们对生存的渴望，进而克服各种困难和挑战。

心轮

心轮是能量中心的第四个脉轮，也被称作“爱和情绪的中心”以及情绪疗愈的“中心”。敞开的心就像一片绿洲，是日常生活中休息和寻找平静的避难所。在这里，灵魂的热情被转化为生命的热情。心轮是避难和连接的地方。如果爱和坦率被痛苦替代，那么这片绿洲就会变得荒芜（既是象征也是事实），心就会被堵塞、变硬。

否认或者断开与真实情绪的连接可能会导致我们生病，至少情绪会受阻。如果全身的健康能量的流动停滞或者失衡，受到堵塞的心的能量会引起身体的不适。

有人对我说，我不能生气或者有负面情绪，因为我是瑜伽老师，从事疗愈工作。一般来说，人们应该控制情绪、抑制情绪，以便获得精神健康和情绪健康。但是，抑制情绪会造成对情绪的否定。有情绪并不危险或者“不好”，危险的是隐藏、否认或者抑制情绪。这也是狂怒、自我伤害、控制以及虐待等行为出现的起因。表达情绪并不是恐吓、伤害和责难，它也不涉及暴力行为。这些反应是多年来没有正确健康情绪的结果。如果你已经有了这些反应，我建议你与自我连接，并去探索你的情绪。第二期情绪症状是痛苦没有得到解决的结果。请不要否认感受的重要性，也不要否认情绪的存在。

对你来说，现在什么情绪是真实的？你被困住了吗？愤怒、憎恶或恐惧堵塞了你的心吗？这些情绪经常被我们忽视，我们总是努力地表现得冷静、克制或正确。我们没有用善意杀死别人，而不接受我们真实的感受才是自杀。心轮能量受阻的生理表现有：

心绞痛	哮喘
虚弱	肺部疾病
心悸	肩部疾病
心脏病	血液循环慢
上背部疾病	呼吸疾病

心轮受阻更常见的问题表现在情绪和能量方面。诸如忧伤或难过这类未经处理的情绪会转换为以下的表现：

焦虑	抑郁
孤独	嫉妒
疲倦	无助
没有爱的能力	绝望
冷漠	喜怒无常
害羞	猜忌

寂寞	没有接受的能力
记仇	社交焦虑

把心想象成门铰链。只有门铰链正常运转，门才能开合。否则，门要么只能开，要么只能关，要么被卡住。心的大门可以让较高的能量体系与较低的能量体系沟通，从而实现疗愈。例如，如果你在冥想中遇到了困难或者第六个脉轮出现了堵塞，你可能需要接地（第一个脉轮），进而获得在较高的精神能量中的情绪安全。心是连接能量系统的桥。通常，某处失衡意味着不止一处地方需要注意。能量系统具有整体性和综合性，需要所有部分都能正常运转、积极响应。

打开心扉的人总是流露着自信，并且更能信任自己。展现各种真实的情绪是真正的自爱，而自爱又来自同情心。同情心是带着关爱的行动。同情心不仅是我们对他人表示遗憾，试图理解他人的遭遇；更是对真实的情绪进行关注和照顾。当你伤心或以其他的方式关爱自己的时候，温柔地对待自己。同情心是带着善意的行动——倾听、提供帮助或者是捐助某个家庭。同情心来自打开的心，那片广袤且流动的空间。在这片绿洲中，你可以自由地流动、接纳和付出。

情绪训练

服务他人：服务他人、提供帮助是重新平衡心轮能量的一个方法。寻求吸引你注意力的人或事，积极投入，即使每周只投入一个小时。注意到帮助他人——即使是一个陌生人——是一件多么鼓舞人心而又美妙的事情。回报并不重要，重要的是运用自己的存在和才能闪现人性的光芒。这个练习是提高个人能力和力量的一个简单而有效的方法。

爱

了解爱也就明白了心碎的滋味。爱是最有力的情绪，也是最脆弱的情绪。爱难以捉摸，却又是我们生活的推动力，我们追逐它、逃离它、滥用它、堵塞它。我们用爱来控制他人，爱决定了我们的生活观。

抛开各种不同的观点，人们普遍认为，罪就是过失、隔阂或者某种侵犯。罪也被看作负面的行为或是不道德的行为。它包含着负面的含义——各种缺陷以及恐惧。

人们对负面情绪抱有恐惧，并采用各种方法来阻止情绪，这都是很常见的。我们害怕爱，害怕付出与接纳。我们害怕心碎带来的痛苦，因为爱得越多，我们就越有可能痛苦。我们在失去了付出爱、接纳爱的能力的同时，也失去了信任、热情和创造力。

杰西卡来我这里参加了有关生育的课程。她和丈夫尝试受孕，但是一直都没有成功。在我陪伴她度过第一阶段的课程时，我发现她的心轮有明显的堵塞，而且不够接地。杰西卡是一位艺术治疗师，这份职业可以让她创造性地表现自己并帮助他人，但是她的部分核心信念与情绪整体并不连接。她的心中还有对过去的忧伤，以及对做母亲的恐惧。这缘自童年的忧伤控制了她的心，关上了她孩子一面的内心。杰西卡忘记了如何爱自己、如何享受生活。

> 最要紧的是彼此切实相爱，因为爱能遮掩许多的罪。
>
> ——《彼得前书》4：8，《新国际版圣经》

由于悲伤，杰西卡怀疑自己爱的能力（和欲望）以及做母亲的能力。这股忧伤与她害怕失去自我认同和害怕失去爱有关。我们为打开她的脐轮做了很多努力，她还需要时间来处理忧伤和学会自爱。她需要利用琐碎的游戏时间放飞内心，并独自觉察对成为母亲所抱的真实情绪。

几个月后，杰西卡回来看我。她看起来不错，活在当下、接地、稳定。她对我讲述了夏天的夜晚在沙滩上嬉耍，夜晚和女友聚会及与丈夫共度的浪漫之夜。她一边讲，一边眼睛里闪着光。她在享受生活。杰西卡实践了她所学会的有关忧伤的知识，自爱的疗愈，克服了对再爱一次的恐惧。她现在感到非常轻松和自由。上次来的时候，她怀孕已经两个月了！

这并不是想说明能量疗愈和情绪训练是杰西卡怀孕的全部原因。但是，想要疗愈的愿望中蕴含着巨大的能量，我在工作中曾经见证了发生在客户身上的巨大的变化，从不孕不育到受孕，从焦虑到愉悦，从忧伤到爱。杰西卡下定决心要改变生活。她严格执行自爱，释放了忧伤和内疚。其实，我们每一个人身上都存有疗愈的力量。

忧伤

人类面对苦难总是会感到深深的悲伤。悲伤是心受到阻塞的主要原因。它也是心痛和失败的常见反应。未经处理的悲伤会将你与爱和照顾灵魂的能力隔离。爱是存在的最高形式的共鸣。你就是爱，断开与爱的连接是痛苦的根源。如果想要给予真正的爱，那么了解爱、珍爱自己就非常重要了。

我们认为忧伤以及其他不愉快的情绪都应该避免，仿佛我们天生就一直享有幸福、追寻积极体验和情绪的权利。这种不切实际的追寻断开了许多人与自我关爱、内心平静的连接。只有经历痛苦，你才有疗愈、爱和触摸灵魂深处的机会。

悲伤令人困惑。我们为过去的人和事忧伤，为曾经想得到的东西悲伤，为心中失去的爱悲伤。悲伤来自对爱的否定，我们的心被堵塞了。尽管我们并不想悲伤，但是，相比对敞开心、去爱的恐惧，管理一个封闭的心要更容易一些。如果我们没有能力或者不愿意处理负面情绪，尤其是忧伤，那么关系就会破裂。通常的应对机制是情绪遗忘。

> 悲伤，可以是慈悲的花园。如果你能够保持心的开放，面对一切事，在你追求爱和智慧的一生中，痛苦可以变成你最大的盟友。
>
> ——鲁米

接受爱的能力来自对痛苦的慈悲。我们不需要纠结于他人的负面行为，同时保持善意、付出、聪明和自由。通过给予自己善意、爱和慈悲，我们就可以掌控内心了。

我的客人玛莎分享了自己与她的自恋的母亲之间的矛盾。在她回忆的时候，她冷淡的眼神里流露出了深深的忧伤。她觉得自己不被人爱、不被人听见、没有价值。这些情绪也是由于羞愧以及太阳轮（第三章）出现失衡的症状。玛莎现在为没有得到母亲关爱而感到悲伤，她需要帮助。玛莎的母亲还健在，但是她过的生活就像母亲已经不在世了。她想通过与母亲保持一定的距离，以此来削弱爱与渴望带来的痛苦。在我们进行能量疗愈和情绪训练的过程中，她明白了放下并不是实现疗愈的办法。相反，玛莎需要接纳、连接和加强对母亲的真切的爱，尽管她的母亲让她痛苦。

面对痛苦，玛莎无力为爱辩白。这引起了她思维和内心的冲突。她以为不去爱、不去回忆伤心的往事就可以让自己不痛苦了；她以为中断与母亲的爱，她就不再悲伤了。“如果我不爱她，她就伤害不了我。”实际的情况是：“如果我不爱她，我就感受不到爱了。”

> 你，你自己，如同全宇宙中的任何人一样，值得你的爱意与善意。
>
> ——佛陀

不必陷入母亲的控制和想法，但同时承认自己可以爱母亲，这对玛莎来说是一个很大的发现，同时也是救赎。玛莎可以在内心抱有爱的同时处理引起她情绪压抑的内心冲突。她的疗愈之旅开启了。

> 我们只接受自己认为配得上的爱。
>
> ——斯蒂芬·切波斯基

玛莎还需要在自我关爱方面继续努力。为了帮助她，我再现了从她灵魂中看到的东西。我对她说了深情的话——她母亲从未说过的话。我告诉玛莎，她很漂亮，她可以给予的东西有很多。我们讨论了她自身的重要性，以及她对这个世界所能付出的重要性。玛莎是一个慷慨大方的姑娘，这显而易见。更重要的是，我肯定地对她说，造物主让她充满了爱，她是一个惹人爱的姑娘。她值得拥有一切，她的灵魂也是完美的。

一开始，玛莎不相信我对她说的话，她用怀疑的目光看着我。但是，随着谈话的深入，她越来越接受我对她的鼓励。然后，她哭了。心的哭泣意味着心正在受到净化。某一刻，她问道："相信自己是最有价值的，这难道不自私吗？"那一刻，这个三十多岁的女人变成了一个小女孩。她的想法产生了冲突，她认为，如果自己确实是有价值的，那么这个价值感就是从他人那里得来的。她的恐惧加强了缘自她母亲的负面能量，让她充满了羞愧。

我们每个人都是最有价值的，我们的价值都是平等的。承认爱并不是从别人那里拿来了爱。你就是爱；你的存在、构成恰如其分，你是完美的。即使你有缺陷，也是造物主完美的设计。你值得被爱；如果你无法从他人那里得到无条件的爱，你可以学会自己给自我无条件的爱。

情绪训练

呼吸练习：心轮的构成元素是空气。深呼吸是一个让心轮充满能量的方法。将右手掌放在胸部的正中，左手掌放在脐轮——第二个脉轮肚脐下方。不要偷工减料。感受手掌接触衣服或皮肤的感觉。专注地让手掌充分连接。将空气吸入胸腔，感受胸部隆起。每一次深吸气，想象绿色的空气从鼻腔进入。接着屏住呼吸，数七下。呼气时，想象绿色的空气缓缓地流出，重复四次。

爱是最纯洁的慈悲和自由，疗愈是爱，上帝是爱。打开心接受爱、给予爱并不容易，但是爱才是归宿，它能驱散恐惧，解开最难解的死结。一个简单的爱的行动就可以粉碎多年累积的痛苦。爱存在于你的灵魂之中，它永不灭亡，只是转换形式。当爱和同情心治愈我们的时候，我们正在感受来自慈悲的温柔的抚触。慈悲可以让我们不带内疚、恐惧和羞愧地进行转变；慈悲带来自由。打开的心让我们接纳了爱的疗愈的力量，而我们的关系的改变也不会带有冲突、愤怒或憎恨。在心保持连接的同时，慈悲带来了改变。你可能并不是和你爱的人在一起，但是你与永恒的爱的能量保持了连接。抵触爱意味着心的关闭，这是不必要的，也是不健康的。

跟随你的心

安妮塔快五十岁了。她是因为自己的生活上空总是笼罩着“乌云”而找到我的。过去两年，她所有的一切都在走下坡路，尤其是她的事业。有一段时间，她周旋于自己朝九晚五的正式工作与装饰饼干和点心的兼职工作之间。我通过她说话的方式判断，这份兼职工作才是她的兴趣所在。她向我描述了自己在指甲花设计方面的特有才华，并因此亲手装饰了婚礼蛋糕和饼干。她还向我介绍了她的来自纽约的顶级客户，并对我展示了一些独特的设计。安妮塔是一个技艺纯熟的行家，但是，她的生意却在过去的一年中下滑严重，她现在还失去了正式工作。雪上加霜的是，她的母亲生病了，需要良好的看护。

让自己被你真正喜欢的东西无声吸引。这不会让你误入歧途。

——莫拉维·贾拉鲁丁·鲁米[1]

我问她，生活中和事业上最想要的是什么。我推动她去聆听内心的声音，并去遵循它。由于一直没有接到金融行业让她去面试的电话，安妮塔的生活停滞不前。我问她，这是否是她真正想要的事业，重操旧业她会开心吗？接下来的三十分钟里，安妮塔试图让我相信，她是开心的，那份工作也不错。我听到了一长串在公司工作的好处。但是，她在抵抗自己的心，我们彼此都清楚这一点。她害怕如果将时间全部投入自己的理想工作上，她得到的是拒绝和失败。她担心如果失败了，自己的财务安全无法保证，自己将失去一切。我了解安妮塔的才华，她是有天赋的，做生意应该可以成功。我鼓励她打开内心，感恩自己还有时间去照顾母亲。安妮塔不能从更广阔的角度来看待问题，她还需要时间重新整合，为自己的点心装饰工作制订计划。我们为此感到兴奋，一起梦想她的目标实现的样子。我们还一起努力加强她的心的能量，让太阳轮重新回归

① 莫拉维·贾拉鲁丁·鲁米(1207—1273)，圣人及修行者，出生于巴尔赫（位于今阿富汗境内），原名穆罕默德，贾拉鲁丁是其称号，意即圣人，后被尊称为莫拉维，意即大师、长老。鲁米在波斯文学史上享有极高的声誉，他与菲尔多西、萨迪、哈菲兹齐名，有“诗坛四柱”之称。

平衡。

几个月后，我从社交媒体上得知她成了一家大型品牌的服务商。接着生意源源不断。我确信她现在在追随自己的心，并因此成功了。可以肯定的是，她将曾经让她陷入困境的恐惧的能量转化为了追求梦想的勇气。她成功了。

成功与失败的唯一差异就是你是否有去尝试的勇气。恐惧会阻挡我们追随内心，除非我们学会将恐惧看作行动的向导。不要让恐惧阻挡你追随内心的指引。否则，你就会迷失方向。尝试，也许你不能获得想要的成功，但是你会收获成长、荣耀以及奋斗的经历。每件事之所以发生都有其神圣的原因，如果你有勇气透过心来观察生活。追随自己的心是自我关爱和获得内心平静的重要道路。

勇气可以让你追随内心。勇敢地行动，恐惧就永远不会胜利。勇气的力量巨大，可以超越思维的局限，为心中的爱挺身而出。勇气追求的是改变带来的不安，因为变化是生活的自然过程。改变永远不会停止，发展和成长是唯一不变的主题。"鼓励"意味着给予希望、动力和支持。而勇气的这些特性让它成为改变的原动力。

即使你将勇气看作指明灯，恐惧还是会在你的大脑中暗中捣乱。如果大脑想要控制你的生活，请跟随自己的内心，找到勇气指引你前行。生命非常短暂，选择如何度过将决定你的幸福。

> 勇气是与未知的恋爱。
>
> ——奥修

绿色是运动的颜色，意味着行动和前进。它也是心轮的颜色。把绿色想象成内心“赞同”的声音。正如交通指示灯一样，红灯停，绿灯行。思维受恐惧的控制，而心受爱的控制。如果你听从了灵魂的呼唤，你就可以自由地行动，仿佛交通指示灯是为你而设，你在随意地行走。当你感觉光变成黄色的时候，它在警告你要慢下来，放缓步伐。黄色让人犹豫和踌躇，给人以警告。红色提醒我们事情不对劲。不要关闭心扉，停下来，重新找回你前行的方向。回到正确的路上，跟随你的心勇敢前进。

你不必追随绿灯，但是你需要听从它的指挥。我们多数人总是想得太多，感受得太少。对情绪关闭了心的大门，我们就只能依靠思维的引领，进而我们会忘记自己是谁以及内心的需要。思维是一个非常有用的工具，但是它不能决定你的每一个行动。你并不是你的思维，心才是通往幸福的入口，让心来引领你的灵魂，带领你完成自己神圣的使命，遵循指示灯可以让你无所畏惧地到达终点。

情绪训练

思考与感觉：这个练习可以打开心的能量。多数人都是通过思维做出反应，现在我们来学习如何通过心做出反应。有时候，内心想要的东西对我们或他人来说并没有多大意义。当你感到迷惑，或者想要练习心的觉知的时候，问自己两个问题。(1)你怎么想的？(2)你有什么感受？将答案写下来，或者对自己说出来。一定要大声说出来。你会慢慢开始发现思维做出的反应与心做出的反应的不同。当你发觉自己想得过多时，试试问问自己的感受。将这个练习运用到决策、关系以及生活的其他方面。

让心去旅行

桥是天才的杰作，但是它们经常被视为理所当然的存在。桥将一个地方与另一个地方连接起来，而没有改变桥下的风景。这也是情绪疗愈的内核。疗愈就是连接，它将我们内心的一部分与另一部分连接，同时不对内心的风景造成消极的影响。

让心去旅行与跟随你的心不同。我们渴望心的指引，渴望它带领我们走向幸福和自由。但是，在每天的征途上，我们必须让心去旅行，如此才能保持连接，进行自我关爱。例如，我们需要跨越恐惧画出的距离，来到存在的安全区域。心让忧伤与羞愧连接。我们需要让声音与内疚连接，以便说出事实，心允许这样的沟通。我们必须让心经常去旅行，从而连接现实的每一方面。

把心想象成为连接天和地、身体与灵魂的桥。于是，真正的宇宙意识才能得以培养，觉悟才有机会开花结果。尽管很多人都认为这些事是在思维中发生的，但事实上它们发生在心中。你的灵魂已经受到了启迪；你只是打开了心，与自己最崇高的使命进行了重新连接。只有心与灵魂连接，充分的觉醒和精神发展才有可能实现。在我们存在于这个世界中时，这是来自上帝的召唤，也是永恒的家的提醒。

心会说出我们身体的愿望。我们应该尊重情绪，并通过它们来理解与灵魂的连接，这其中包含了爱的更大的图景。无私的爱，是爱的最高形式，它是一种超越了思维的界限、无条件的爱。当心连接了身体与灵魂的时候，无私的爱就产生了。

人生的道路不好走。我们可能经历爱人的离世、离婚或丢掉工作。失去带来的痛苦让人难以忍受。于是，我们就将焦点放在了驱赶痛苦上，而不是学习痛苦教会了我们什么。我们不再与真实的情绪（痛苦）连接，或允许它不断转化，相反，我们的焦点在于与痛苦分离。我们期望心可以在需要的时候发挥吊桥的作用。当我们进行选择的时候，经过心的道路便不再畅通了，从思维到身体的情绪渠道也就无法使用了。

阁楼

为了我的情绪健康并解决焦虑问题，我决定离开洛杉矶，并且是灰溜溜地离开的。我不知道自己想要什么，也不知道自己想去哪里。我感觉很失败，身心俱疲。我知道自己想要好起来，成为一个精神强大、幸福的年轻女性，成为自己圈子中的领袖，能够主导自己的生活。因此，我回到了家乡肯塔基州，打算重新出发。家让我感到安全。我需要找到平和与疗愈的力量，我需要方向。

情绪训练

打开心：俯卧在地面上，脸朝下。额头或者下巴贴地，手肘弯曲向上，手掌放在胸部两侧，保持背部延展，脚趾指向后。吸气，运用下背部和核心肌肉的力量，将胸部抬离地面。双手可以协助，但不用将上半身全部抬离地面。眼睛看向前方。将心向天花板的方向打开。吸气时，打开胸腔；呼气时，缓缓落回地面。一吸一呼，重复几次。这项打开心的练习同时可以有效地锻炼躯干和背部。

我的一个朋友在路易斯威尔市中心有一所维多利亚式房屋，我搬进了这所屋子的阁楼。在接下来的九个月里，我睡在日式床垫上，在附近漂亮的公园里散步。我向治疗师、疗愈师、教会、有机农场以及蒸汗屋寻求帮助。我做了所能做的一切来滋养灵魂，梦想从事媒体和健康产业。肯塔基州并不是我工作的理想环境，但是在这里我能稳定自己，做出行动的最佳方案，所以待在这里有其重要的意义。我需要花些时间来处理恐惧。

住在路易斯威尔的那段时间，我是一家组织的志愿者，在感恩节那天负责给那些饥饿的人发放食物。整个城市充满节日的气氛，仿佛过的是圣诞节。每个人都笑意满满、热情友好；街上飘荡着欢快的音乐，热闹非凡。我兴奋极了。在厨房至餐厅的路上，我遇见了一个在端盘子的英俊的男人。他的笑容可以点亮整个房间。他一边供应食物，一边吹着口哨，让他服务的每个人都感到自己很特别。他太有魅力了。

我们的眼神相遇了，接下来的两年里，我们一直都在热恋。尽管这段关系混乱而又令人悲伤，但是也是这段关系让我进入了人生的一个新的阶段。我感到“激情澎湃”，这段经历打开了我紧闭的心扉。

希斯是个招人喜欢的男人。他有一颗童心，我们像孩子一样大笑和玩耍，亲密无间。我爱他的谦逊以及对感情的坦率，至少我是这样认为的。每一天，我都能在他身上发现新的东西。他在亚特兰大有一个家，他有时在那边工作，由于他需要来回奔波，所以我们隔一段时间才能见一面。

遇到一个让我可以为之着迷的男人，我觉得自己非常幸运，同时我的灵魂得到了一直渴望的疗愈。对我来说，生活的可能性似乎是无限的，我不再焦虑，开始积极行动起来。数月之内，我就搬到了纳什威尔，和他住在了一起，开始了新的生活。

我曾经也爱过，但是这段感情有其特别的地方。这段感情不仅是两个人相爱。我感觉自己就像站在悬崖边，仿佛身体的某一部分就要自由了，腾空起飞了。

我们有共同的爱好，彼此吸引；但随着时间的流逝，我感到了有些事情不对劲，有好几次，我都感受到了内心的黄灯在向我发出警告。

心是连接天和地的桥。

事实上，希斯已经结婚了，他的太太在亚特兰大。几个月来，他一直都在对我撒谎。希斯沉溺于性爱，同时徘徊在好几段感情中。知道这个情况后，我愣住了，完全不敢相信。情况太复杂了，我无法对此进行整理。最后，我感到愤怒、受伤、崩溃。上一次我在曼哈顿上西区看见了希斯，他当时坐在一辆警车的后座上。他做了很多错误的抉择，导致他现在支离破碎，深陷于自己的谎言之中。

我并不后悔。这段令人伤心的感情促使我搬到曼哈顿，最终让我获得了想要的生活。这是第一次爱让我的心完全打开。它打破了将我与过去的忧伤和对自我关爱的恐惧束缚住的枷锁。它是我与灵魂再次连接的桥梁。我们爱的火焰并没有持续，但是这段感情成为指引我回到灵魂之路的火炬。

我们的每一段经历都有其意义。每一次受伤、相爱以及体验都有其目的和原因。不论我们是否意识到，其实每一件事情都发生在最合适的时间。明智的人都了解，更伟大的设计存在于思维或者意志之外。这是灵魂的设计，是信念在起作用。

自我关爱意味着接纳并整合生活给予你的东西。当你受伤的时候，花一些时间去感受、去疗愈。当你快乐的时候，与他人共同憧憬，让大脑和心准备好迎接新的体验。人生的海洋总是潮起潮落，有时风平浪静，有时波涛汹涌。

情绪训练

约会之夜：这周出去约会吧。没有什么比对自己温暖的关怀更能打开自己的心了。不要邀请其他人。一个人的约会看起来有些不同寻常，甚至会感到不舒服，但是，请试一试。不要去购物或者血拼。做一些令你感到愉悦的事情，例如，去一家不错的餐馆吃饭。为看一场电影盛装打扮自己，或者在公园的座椅上享受美味的冰激凌。好好地爱自己。

如果你的心受伤了，试着找一处安全的地方，一处你可以置身世外，可以好好休息的地方，可以是在大自然中，有朋友相伴。这样做并不是逃避，而是为了迎接生活，准备给你的人生积蓄力量。这个地方可以让你重新审视生活。无论是童话般的浪漫故事，还是失去工作让你解开了恐惧的枷锁，但这些都将帮助你敞开心扉，跟随自己的心，勇敢去爱。

我不爱它，但我承认它

允许某种情绪显现并不意味着你喜欢这种情绪，或者引起这种情绪的行为就是合理的。我们不对疗愈过程进行评判。承认情绪仅仅是停止抵触它，从而停止内心的冲突。没有抵触，就没有冲突。抵触将情绪强加给我们，让我们头顶压着一朵巨大的乌云。

通过改变自己的模式来与真实的情绪连接，你是唯一一个知道自己感觉的人。隐藏情绪和否认情绪都是在伤害自己。你无法帮助他人远离痛苦，请牢记：你不需要为他人的情绪或如何应对生活而负责，你只需要为自己的行为和情绪负责。如果你伤害了他人，你需要为自己的行为负责，而不是为他人的情绪负责。

疗愈的过程是：（1）你感受到了痛苦；（2）你承认痛苦；（3）进行疗愈。如果你感到痛苦，你需要先承认痛苦，这样疗愈才可以开始。这是爱与宽恕的循环。你无法逃离痛苦，但是疗愈可以减少你对自己施加的痛苦。

你可能不喜欢某种情绪，但是如果你承认它，你会发现这种情绪会很快发生变化。你与这种情绪连接得越紧密，情绪的强度就越弱。如果你与情绪同在，不去打扰它，内心的冲突也会消失，它就是“它”。现实会打开一盏灯，让你隐藏的情绪暴露出来。如果你与情绪分离、深处黑暗中，情绪就会失控，甚至会掌控你的全部存在。未被照看的情绪会变成可怕的怪物；与自己同在，情绪也会变弱，所以连接是疗愈之路。

脆弱需要被敞开。我们恐惧爱，恐惧心痛，但是经历这些情绪是通往疗愈的道路。拥抱他人，原谅自己，试试理解曾经伤害过你的人，多一点儿笑容，放声大哭，开怀大笑，坦诚表达自己的感受。

不去考虑情绪非常危险。情绪是有生命的，它将重要的信息传达给我们的大脑。我们可以通过情绪来理解生活、丈量生活。我们每一刻都可能感受到快乐或愤怒、内疚或难过的情绪。所有的情绪都是构成我们的一部分，改变想法可以改变某个负面的、惯常的模式，但是它不能让某种情绪消失，无法不让我们感到脆弱。抵触某种情绪或试图“放它走”都是在与自我对抗，因为我们没有尊重生命的自然流动。

随着我们不断发展，变得更加成熟，我们的情绪意识也得到了扩充。情形各不相同，人各有差异，因为就不存在完全一样的情绪。正如每一个人都是不同的，情绪也有其独特性，但是用语言表达出来却是一样的。我们都了解难过的滋味，但是因为失去两个不同的朋友而感受到的难过是两种不同的情绪。情绪与其连接的能量相关，可以是人、事件、地点、工作或者其他任何经历。为了识别自己的情绪，你必须去经历情绪，与情绪连接。否则，通往疗愈的道路将会非常坎坷。

冥想

闭上眼睛，深呼吸。感受坐在座位或者地面的感觉。吸气时，想象放松之水温柔地滑过你，帮你打开了肌肉和动脉。整个身体变得更加的放松。将空气吸入胸腔，留意此时的情绪。可能你正在与某件事情较着劲。可能你此时抱有嫉妒或憎恶的情绪。再次吸气时，充分承认情绪的存在，然后留意此时的情绪。你的胸腔是否发紧？你感到害怕吗？你面部或者手臂的肌肉发紧了吗？承认情绪的存在。随着每一次呼吸，身体都要更加柔软。

想象自己可以看到体内的情绪，例如，嫉妒。它是什么样的？它是什么颜色的？什么形状的？它在体内的什么地方？保持呼吸，直到你可以清楚地描述出它的性质。

呼吸时，可以使用咒语“我承认”。重要的是，不要按照情绪的指引行事或者介入情绪；你只是与情绪在一起，只是在观察。你承认情绪原本的样子，但这并不意味着你喜欢这种情绪，这只是表明你承认它的存在。你对情绪抵触得越少，它就越容易消失。

心灵地图

准备一张空白的纸和一支笔。在纸的中间，画一个圆或一个点，将它取名为“心”。我们将从痛苦追溯到爱。

想象自己当下正在与之较劲的某种情绪或情形，给它起个名字，比如，孤独、憎恶、忧伤或者愤怒。给这个问题取个名字，并在这个练习中使用它。

接着，给你的问题赋予参照点——时间和位置。将这张纸看作生命评定表。你的痛苦程度决定了问题与心的距离。例如，如果你一生都感到孤独，那么就将代表孤独的标记置于页边——距离心最远的地方。在标记旁边写下“孤独”。如果这个问题出现得不久，那么就将标记置于离心不远的地方。

心与问题标记之间的距离代表了你的痛苦，在这段距离之间标下至少 3—10 个标记。此时，这张纸就像是有迹可循的地图，从问题推演到你的心。按时间顺序写下行动、反应以及引起痛苦的环境。在这个过程中，要带着洞察力并保持坦诚。

做这个练习的目的不是要将责任推卸给他人。这个练习是自我成长的工具，而不是证明你是受害者的证据。例如，你写下的标记是：

1. 我的伴侣总是在工作；
2. 我的反应是待在家里，而不是和朋友们相聚；
3. 我脱离了各种群体和活动；
4. 我觉得自己无法融入；
5. 过多的私人时间影响了我的健康；
6. 我不喜欢一个人待着；
7. 我需要爱。

从心开始着手，追溯自己的心从开放变为紧闭的原因。在上述的例子中，我意识到自己需要爱，但同时我又喜欢一个人待着的时光。但是总是一个人待着并不好。由于害怕自己无法融入，我一直不去与外面的世界沟通。我躲在恐惧之后，选择那些总是见不到的男人，这决定了我总是孤独一人。我是自己孤独故事的作者，我的痛苦也体现在这个故事中。

你的绘图或者追踪只对你有意义，这并没有关系。重要的是，它揭示了你无法获得幸福和平和的个人原因。它突出了你出现分离的节点以及问题的循环轨迹。我总是感到孤独，我下定决心——如果诚实地面对自己的心，不躲在恐惧之后，我是可以与有空闲时间的男人在一起的。我只是需要一些可以独自待着的时间。为了与内心连接，我与自己真实的情绪——渴望爱和需要爱——进行了连接。

宣 告

你说出的话会给你带来快乐或者悲伤，但如果你并不后悔说出这些话，它们会给你安宁。

——香农·L.阿尔德

一个人的声音是其健康与否的重要的晴雨表。就像经过精细调试的乐器一样，声音可以反映恐惧、喜悦、勇敢以及羞愧等情绪。说了什么和怎么说的是内心是否和谐的证明。根据语气、语速以及语调的微妙差异，声音不仅可以反映一个人的性格特点，而且可以看出他的精神和情绪是否健康。情绪失衡在喉咙和肢体上的表现是虚弱、紧张或不平衡，声音嘶哑就是情绪出现了冲突的表现。

在语言和较高的智能出现之前，人类通过声音和肢体的活动传递信息。咕哝声传递了大脑和身体想要表达的情绪和信息。过了几百年，人类掌握了更加复杂的沟通技巧，从而使人类发展成为高功能的、善于操控他人的生物。与自我和他人产生连接的能力缘于沟通——无论是语言还是行动。这也是我们彼此疏远、失去连接的原因。

表达的力量可以影响一个人、一个团体，甚至整个世界。善于表达的领导人有能力激励数以百万计的人，这些人对善或恶都抱有强烈的信念。通过带有激情的声音和坚定的信念，行动主义分子和社会公平组织带来了巨大的变化和发展，而未说出的话语同样很有力量。找到适合自己的、真诚的声音需要各方面的平衡。

声音是表达思想和情绪的工具，而不是用来控制的手段。拙劣的沟通技巧可能伤害到自我和他人。喊叫、说谎、贬低他人以及对自己和他人的负面评价会让声音发紧。对畅所欲言和表达自己需求的恐惧也会带来危害。

芭芭拉和比尔是大家眼中的“完美夫妻”。比尔当警察已经有三十多年了，芭芭拉则是一名家庭主妇。生活富足、受过良好的教育、拥有可爱的孩子和温馨的家，他们就是成功的代表。在这个保守的中等小镇中，他们一家备受大家的尊重，人们羡慕他们的生活，敬佩他们坚定的宗教信仰以及对工作的认真付出。

我是在加利福尼亚州认识了他们。芭芭拉善良、开朗、平易近人。我欣赏她的言谈举止，喜欢和她在一起。比尔聪明、友好，但是热心得让人受不了。他表现得就像全世界都是他的舞台，让人根本无法和他好好聊天。过去，比尔可以在任何场合主导谈话。我感觉到他的这个行为让芭芭拉很不舒服。他总是试图说服她，代表她说话，并且一直说个不停，以至于芭芭拉没有机会表达意见和想法。在社交场合中，她只是面带笑容，扮演着一位支持丈夫的妻子。

婚后，比尔曾经出过一次轨，但是芭芭拉还是对他忠贞不渝。她坚强地摆脱了这个事件的影响，依然支持并爱着比尔。

几年后，芭芭拉请求我对她进行疗愈。她正好在城里，希望重新与自己连接，重新进行自我关爱。当她走进来的时候，她看起来还是和之前一样漂亮，但是给人感觉精神不振、面容疲惫，没有我记忆中那么有活力了。她已经五十多岁了，身体已经不再年轻，但是我是通过她脸上的情绪发现了她的疲惫。

在给了彼此一个大大的拥抱后，我们坐了下来并开始聊天。听芭芭拉讲话非常费劲，她的声音急促而刺耳，几乎听不清楚，我问她有关她声音的事情，她说自己得了一种罕见的声带疾病，因此声带发紧，并且无法发出部分声音。尽管并没有什么危险，但是这种疾病是无法治愈的，而且她也没有什么好转，这意味着她在今后的日子里说话会非常困难。

我了解芭芭拉的性格和经历，所以针对她的情绪健康，我并不想急于下结论。我让芭芭拉主导了一会儿谈话，她给我讲述了她的生活以及健康。听了一些常见的、表面的问题之后，我问到了比尔。芭芭拉动了动身体，面带微笑滔滔不绝地介绍了比尔最近取得的一些成绩。随着讨论的深入，她的声带问题成了我关注的焦点。

芭芭拉的声音多年以来一直受到压抑。鉴于个人遇到的一些困难，她一向采取的是“积极审慎的立场”，不在公共场合谈论私事。为了维护家庭的形象，她极少发表意见和想法。长久以来，她发现自己对比尔的沉默和顺从也会让家庭生活更加轻松。

多年以来，芭芭拉从没有谈论过自己由于丈夫出轨而伤心的事，也没有谈论过这些年来她不在社交场合说话的原因。她认为表达情绪意味着让丈夫丢脸。她不论祸福都爱着比尔，并且认为自己足以应对比尔刚愎自用的性格。但是她不知道，自己沉默的代价是自己声音的健康。

芭芭拉的故事并不是特例。表达自己的恐惧经常会淹没真相，无论是男人还是女人，他们都可能因此而失去声音。有些时候，他们是真的失声了；有的时候这只是一种修辞。羞愧、难堪以及其他情绪可能导致我们无法勇敢地、自信地、真诚地说话。

喉轮

喉轮是第五个脉轮，是人的交流中心，也被称为“情绪基地”。如果喉轮的能量是健康的，那么人们就可以说出事实，表达愿望、需求、观点和想法。作为第一个高频振动的精神脉轮，喉轮需要极大的勇气和真实，但是它们常常受到自我怀疑和负面思考的影响。喉轮不仅仅是有关语言表达的。它还包括肢体语言、写作以及我们是如何理解他人的表达的。如果喉轮出现了失衡，那么通常还需要注意其他的情绪能量系统。喉轮受到了堵塞的通常表现是，我们会告诉自己和他人一些不真实的事情。欺骗、谎言以及操纵导致我们深陷困境。

喉轮不健康可能会引起以下生理症状。不要小看这些问题。如果以下症状持续出现，请咨询医生。

牙龈或牙齿问题	声音嘶哑
颈部疼痛	口腔问题
清嗓子	腺体息肉
慢性疲劳	颞下颌关节疼痛
头痛	听力问题
甲状腺和内分泌问题	吞咽困难
嗓子疼	声带发紧

忽视我们的恐惧或自身的缺点会将能量困在体内，并引起多种情绪问题和模式。

爱议论他人长短	害怕公开演讲
害怕被嘲笑或被评判	主导谈话
害羞	言辞激烈
固执	欺骗
说脏话	自大
操纵	害怕说出真相
无法表达想法	怨恨
社交焦虑	差劲的聆听者

谎言的真相

有意思的是，随着我们长大，我们发现说谎是不被他人所接受的，无论是弥天大谎还是小的谎言。我们学会了不去揭露真相，家长和老师没有鼓励我们用健康的方式说出真实的情绪或想法，这对我们是不好的。真相是，个人的情绪和信仰反映了我们是谁。没有任何人或任何意见可以否认你的真实。

说谎是我们保护自己的手段，谎言遮盖了我们由于种种原因而不愿意去揭露的真相。这些谎言隐藏了我们不愿意承认的痛苦的根源，说谎是因为我们害怕说出自己是谁。暴露自己真实的本性就是冒着被拒绝的风险。我们害怕暴露真实自我时被嘲笑，进而感到难堪，因为我们认为自己是有缺陷的，并且难以接受自己的弱点。

为了获得注意力，孩子学会了操纵和说谎，以便获得自己想要的东西。他们学会沉默以取悦所爱的人。我们很小的时候就明白了说谎可以帮助我们避免因表达真实的情绪或愿望而产生的羞愧的情绪。从小就安静的孩子可能将他的能量带入成年，并且羞于充分表达自我。他们还可能成为组织中的告密者。如果一个人因为表达了自己的所见所想，进而让自己陷入窘境或者感到羞愧，那么他就可能说自己兄弟姐妹或者朋友的坏话。告密会暴露他人的秘密和谎言，因此，告密者会因为没有掩盖真相而被认为不够“酷”，并背上坏名声。他们会遭到伙伴的拒绝和排斥。

我们从小被教导要安静，所以表达情绪并不容易。很多人在成长的过程中为自己的声音感到羞愧。这些人可能在工作中或一段关系中难以确立自信。总是经常见到父母让孩子安静下来，“有人和你说话的时候再说”“不要顶嘴”“要有礼貌”，这些表达都是父母用来警告孩子的。成人也会收到如何端正行为举止的语言或非语言的信息。关于我们应该说什么，穿什么，有什么感受，在这些方面我们很容易受到社会规则的束缚。男性羞于表现出自己敏感的一面，因为他们不想被认为是弱者。女性因为过分表达情绪或者很少表达情绪而受到嘲笑，这让她们看起来冷漠、生硬、难以取悦。更糟糕的是，有很多人信奉了诸如“随它去吧”以及“冷静下来”等观点，认为它们是通往幸福的最佳路径。

通过追逐冷静和幸福是不可能冷静和幸福的。和平不会因为你摆出了和平的手势就随之而来。接纳并表达了你真实的情绪，与真实的自己发生连接，才会迎来幸福与和平。情绪疗愈的过程就是自我关爱的标志，它会迎来和平。

我并不是支持以不恰当的方式表现愤怒、焦虑以及其他负面情绪，但是表达自己真实的情绪很重要。二者有很大差异。

我问了朋友乔西是否有害怕的东西。他回答说没有。在我反复询问以后，他承认了自己的恐惧，但是需要通过邮件发给我。他不想讨论自己的恐惧，和其他的成年人不一样，乔西并不害怕丢掉工作或者死亡。他的恐惧缘自童年，他害怕玩偶和小丑。他认为是哥哥在小时候捉弄他才导致了他的恐惧。乔西不愿意说出自己的恐惧，因为承认这些幼稚的、微不足道的恐惧让他很难为情。

根据我们的背景、支持体系以及环境，恐惧可能是最难被承认和处理的情绪。我收到了一封来自附近小镇的邮件，发送邮件的是一个叫戴夫的男人，他向我咨询有关疗愈的事情。戴夫自称是“焦虑的硬汉”，想要将自己一生关于惊慌、恐惧以及憎恶的斗争一吐为快。他认为自己是典型的来自意大利的新泽西硬汉，但被自身的问题折磨得疲惫不堪。他的焦虑一度非常严重，甚至患上了恐旷症。在他身上，比恐惧更严重的情绪是羞愧。如果他将自己的情况告诉家人或朋友，那么他就无法维持硬汉形象了。在长大的过程中，他了解到，谈论这些事情会让他看起来很脆弱，至少他是这么认为的。多年来，他承受着不必要的痛苦，现在还在煎熬。通过谈话，他的治疗项目明显没有触及他的情绪根源，只是治疗了表征。

现在，戴夫采取了一项有效的疗愈方案，即将他的能量投入帮助他人上，例如，充当戒毒辅导员或戒酒辅导员。他为这些“硬汉”提供友爱、安全的环境，帮助罪犯和上瘾者渡过难关。

不应该将羞愧和难堪与任何情绪连接。欺骗自己的感情、否认自己是谁，这只会伤害一个人——你自己。你的责任是进行合理、诚恳的表达，要学会直言不讳和言出必行。

除了欺骗和说谎，还有其他因素影响我们的表达，上瘾是需要情绪疗愈的一个指标。与自己和谐相处和上瘾无法同时存在，否认这个事实就是在对自己说谎。当我吸烟的时候，我骗自己说是为了情绪和身体健康。多年来我一直吸烟，说的谎如此之多，听起来都有些可笑。吸烟时，我说服自己是在冥想，或者是在广阔的户外独自进行某种精神体验。我想让自己相信，吸烟与我自身的美国印第安人的文化相关。而真相是，抽烟发出的嗞嗞声掩盖了深藏在体内的情绪火山。这是我用的障眼法。

这个时兴的“恶习”让我们在短时间内感受到了逃离痛苦的愉悦和宽慰。但是，消极的行为紧紧抓住了你混乱的内心。

它控制了你的痛苦，不让其离开。

情绪训练

呼吸与释放：有时感到压力或紧张的人可以进行这个简单的练习。当你注意到内心的紧张时，用鼻子做三次深呼吸。匀速地呼吸，不需要太快。每一次吸气，想象空气进入了体内更深的地方，释放了堵塞的情绪。三次深呼吸做完后，接着用鼻子吸气，嘴巴呼气，可以发出声音，表达你想释放的抱怨和语言。不要评判或者限制身体想要发出的声音。请至少做完三次深呼吸。

是什么阻挡了你向他人进行表达？保守秘密可能是缘自内心的冲突。在日记本上，列出三件你不愿意向其他人说出的事情。

对自己说的谎言遮盖了我们诚实的真相，带着羞愧和恐惧承认痛苦的真相很难，即使是对自己说也不容易。也许我们追逐的是不切实际的梦想，但是无视梦想也表明了自己是无价值的。你可能否认自己患有饮食障碍或者对某个东西上瘾；你也可以就自己真实的情绪对伴侣或者朋友说谎。但这些谎言都会内化成自我批评、自我厌恶或者是对自我关爱的否定。我们害怕评判自己，于是我们就通过制造借口、责怪他人、利用各种情形来避免伤害。我们说谎是为了避免对精神施加痛苦。试着写下两条你隐藏的谎言，或者你是如何对自己不诚实的。

你的真相是什么

让我们来谈谈真相。你对真相的表达来自自我关爱与接纳。如果你无法接纳自己的过去，那么你就无法说出真相。

令人惊讶的是，我们多次对自己不诚实。其原因是真我和痛苦失去了连接。生活每天都在发生各种需要我们投入的事情。如果不仔细考虑，我们可能会采取和解或转移注意力的方式来面对真相。吃东西就是一个很好的例子。你有多少次吃东西是因为你告诉自己饿了？真相是你可能是感到了无聊、悲伤、愤怒或者孤独，食物成了临时的填充物，将你的注意力从真相上移开。你与其吃东西，不如解决无聊这个问题（很可能是第二个脉轮出现了失衡），做一些有创造力的事情。你也可以解决孤独的问题。如果你缺乏自信做你自己，或者没有花时间倾听自己内心的声音，那么自我操控就可能成为你的习惯。这种情况可能在多种情形中发生，例如，做财务决策时、进行职业选择时、在某段关系中或者在我们的精神生活中。通常，当与自我失去了连接后，我们的回应都是“我不知道”。“我不知道”与“我很好”类似，都是我们在面对真相时怠惰与恐惧一起在作祟。

你的真相隐藏得越多，将来就会遭受越多的痛苦。孩子需要经验以及榜样来学习如何在家或者在操场上表达自己受伤的情绪。如果没有经验的积累，这些孩子长大后，他们的愤怒可能会由于很小的导火索就转化为滔天怒火，做出这种行为的人就是恃强凌弱的人。这些人并不神秘，他们只是没有处理好已经被酝酿为情感风暴的残留情绪。这是一个未经处理的情绪非常非常危险的案例。当你对自己的感受撒谎时，你也就失去了活出真相和获得幸福的机会。谎言永远不会获胜，但是真相可以经得住考验。

> 太阳、月亮和真相这三样东西永远不会被隐藏。
>
> ——佛陀

说出真相是通往真实表达的道路，而任何程度的不真实都会引起失衡和问题。如果合理地表达愤怒，愤怒就不太可能转化为滔天怒火。接纳情绪通常会消解情绪的能量，避免其继续升级。并不是每一种情绪都需要处理，但是请对自己的感受保持诚实。保持真实可以减少对自我和他人的伤害。不是情绪让我们恐惧，真正危险的是否认恐惧。

他人如何回应你、如何行动、如何看待你都不是你能决定的。你唯一的责任就是对自己保持真实。疗愈与他人无关。他人说什么、做什么是他们的责任，即使针对的对象是你。如何回应、如何利用某次经历都取决于你。疗愈是自己的责任。

与他人会面和交谈是实践真实的机会。如果有人问你过得怎么样，试着思考一下后再将你的想法告诉对方。如果有人问你是做什么的，试着给对方一个创造性的回答，谈谈是什么激励你每天早晨起床的。举例来说，与其告诉对方你是一位工程师——这只是个头衔，不如说明一下你将时间和才华投入了哪里。抱着坦率真诚的态度，你会发现他人对你的世界非常着迷。

情绪训练

说出你的感受：找到一处安全、隐秘的空间。将自己的感受说出来。可以通过声音、语言或者肢体动作进行描述。不要去评判；也不要去筛选。“她忘了我的生日，我很难过。”“我从来没有这么开心过！”“我很惭愧自己作弊了。”不论是什么感受，请说出来。

科迪有两个健康的孩子，一条狗，一个温馨的家。但是她的婚姻并不幸福。夫妻俩感情不和，十年来都没有做过爱，这是他们对婚姻不满的一个表征。科迪的丈夫从来不提起他们之间的问题，而科迪也不敢采取行动，担心会伤害孩子；孩子是她首先考虑的对象。尽管她过得并不幸福，也不满足，但是她还是没有对丈夫直接说出他们的问题或者自己的感受。她不想破坏自己的家庭，或者让丈夫难过。

科迪开始不断地挑她丈夫的毛病，总是找各种理由责备他，以使自己的情绪合理化。如果她的丈夫是理亏的一方，或者她将注意力放在了丈夫的不足上，她就有理由不和他待在一起了，这使科迪不用受到破坏家庭而招致的责备。她个人的情绪并不能成为她在未来感到安全和自信的充分的理由。她需要一个外部理由来隐藏自己真实的情绪，因为她并不认为自己的情绪是合理的、有意义的。

随着时间的推移，科迪的丈夫不论做什么都能惹怒她。她觉得丈夫缺乏一些技能也应受到责骂。她明白自己过于否定丈夫了，但她强烈需要有让自己情绪合理化的理由。她依然对丈夫吹毛求疵，不断地数落着他的缺点。最近，她言辞激烈，还骂他愚蠢。仅仅因为一件小事，她便变得无比沮丧，大喊道："我受不了这段关系了！"毫无疑问，科迪的言语攻击和情绪爆发让她的丈夫大为吃惊，并深深地伤害了他。

后来，科迪为自己的行为而感到羞愧。为了补偿丈夫并挽回自己的面子，她一改自己昔日的做法，开始全力补救两人的关系。她向丈夫道了歉，说之前说的都是气话，并不是她真实的意思。这种被动攻击的行为让二人的关系更加异常。他们两人的情绪都不健康，也没有成熟到可以表达自己的感受，所以两人避免争执和互相责备，努力控制着自己的情绪。他们很可能都不会承认自己的需求以实现疗愈。两人都因为恐惧而待在原地。对真相的恐惧、对改变的恐惧、对孤独的恐惧、对作为失败父母的恐惧，让他们不敢做出任何改变。

这是一个真实的故事，这样的故事我听过很多次了。人们深陷恐惧的泥潭中不可自拔，这阻挡了人们对真实情绪的表达。这也是人们责怪他人，进而证明自己有价值的一个原因。我们没有接纳恐惧，采取负责任的行动，相反，我们为推卸责任、指责他人的消极行为而找寻借口，以便隐藏自己真实的情绪。内疚和羞愧这两种情绪让我们备受困扰，但是我们依然不去表达自己真实的感受。

情绪训练

照镜子：站在或者坐在镜子前面，看着自己的眼睛。花些时间确保自己处于舒服的状态，因为这个简单的练习可能会让你的情绪或者不安浮现。在接下来的 3—5 分钟里，与镜子中的自己对话。说出自己的感受以及需求。保持眼神的接触，心怀理解和自我关爱。不要评判情绪，也不要因为某种情绪而感到羞愧。允许情绪自由地流动。

说出你的真相

我们都知道，情绪健康和幸福包括接纳生活赐给我们的所有东西。这种接纳允许我们利用真实情绪的能量应对生活的挑战。我们必须接纳忧伤和羞愧这两种情绪。我们可能并不喜欢这些情绪，但是我们允许它们自由地流动。不要否认忧伤或者推卸责任，让自己成为一个受害者，相反，我们应该在当下有效地处理这些情绪。

心存恐惧是成长的健康的标志。它代表了我们在积极寻求改变，以及那些即将发生变化的事物。只有恐惧让你失去了能动性，它才成了一个问题。如果你未曾接触过某种行为，那么真实地表达与行动可能会引起焦虑，然而，真实可以让你摆脱恐惧的桎梏。

说出你的真相会让我们对自己的责任看得更加清楚。说谎并不必要，也不理智，但是，对我们来说，谎言代表着生死的差异。要么爱，要么拒绝。我的一个朋友是一位杰出的艺术家，他是当地与国家艺术活动的常客。他告诉大家，自己是民主党派，但其实他是共和党人。他这么做的原因是想被他人接纳。他多数的朋友都比他更加拥护改革，但没有像他那样想被他人接纳。对他来说，被拒绝的恐惧要大于获得真实的自由。

我们说谎的时候，就成了受害者，躲在虚假的现实之后，感觉被困住了。与承认和诚实地用爱接纳羞愧、沮丧或伪装相比，继续躲在这些情绪后面要更容易一些。

当你清楚、自信地知道你是谁，你就会拥有真实的自我，以及发生在你生活中的一切。这种所有权可以帮助你保持连接，度过疗愈。没有责怪的对象，也没有可以抱住不放的形象。没有对羞愧的投射，羞愧也没有反复出现。如果你没有躲在羞愧或虚假的形象之后，那么你的梦想距离新生活的实现就会缩短。

真相让人自由，但是人们往往害怕自由。

> 恐惧是接近真实的自然反应。
>
> ——佩玛·丘卓

当你自由了，你就可以选择做什么、穿什么、在哪儿生活。你是自己生活的缔造者。自由非常有吸引力，但是获得自由这个现实总是被对弱点的恐惧所挑战。当自由的大门打开了，我们必须有勇气穿过它，否则现实就不会有所改变。正是对改变的恐惧让我们无法行动。

阻挡了痛苦的表达的同时也阻挡了愉悦的发声。只关注生活积极的一面也是不合理的。一些思想告诉我们不要以消极的方式讲话或思考，以免出现消极的结果。这种错误的告诫让我们远离了真实。我认识一位拒绝谈论任何有关消极话题的女性。如果你在她面前提起了这些话题，她会说“别想了”或者“收回你的话”！这种心理战术让她被恐惧给困住了。比如，拒绝说“我需要牙根管”不会让对牙根管的需求消失。事实上，它让我们无法勇敢地运用各种资源注重牙齿健康。不要小看你的情绪或者生活的现实，说出真相与沉浸在消极情绪中，或扮演受害者之间有着巨大的差异。说出真相就是在积极与消极之间构建平衡。真相是，阴阳共存，光明与黑暗共存，积极与消极共存。说出真相就是接受事实，并控制好它的能量。你不能只挑选生活积极的一面，而忽略其消极的一面。

成为你自己

自我表达的一部分就是承认自己的独特性。你是唯一的、独特的，你应该告诉全世界你是谁！社交媒体的一个好处就是营造了鼓励我们原创的文化。我们对他人的生活好奇，喜欢通过他人的眼睛来感受世界。我们着迷于了解他人是如何生活的。我认为这种好奇让我们更加具有同理心，接纳自己和他人，看到他人犯了错误有助于我们接纳自己犯错。从真实和原创的角度讲，没有什么比不完美更加完美的了。你所经历的挣扎可以帮助他人接纳自己的挣扎。我们互相依赖，以确定彼此不是孤独的，并且可以不受羞愧的约束。

如果你代表内心和灵魂在说话，那么请记住，尽管你无须为他人的行为或情绪负责，但是你需要带着尊重、诚实地表达，说明你是谁或者你有什么感受，不应该妨害他人。你说的话可能让不舒服的情绪浮现出来，但是如果你诚实地表达，那么就可以避免使用责怪他人的、伤害他人的或者贬损他人的语言。如果通过真实和高道德的标准去表达，那么诚实就可以让你更加完整。

情绪训练

唱诵：如果你没有练习过或者不熟悉瑜伽等类似的活动，那么刚开始，唱诵可能让你感到尴尬。允许不舒服的感觉是疗愈的一部分。挑选一个词语、祷告或者咒语进行唱诵。以唱诵“阿门”（在多种传统中被认为是神圣的声音和咒语）、神的名字或者其他的精神内涵开始。呼气时，张开嘴，发出你选择的词语。如果是一个单音节词，在整个呼气过程中保持这个词的发音，感受胸腔以及嘴唇周围的振动。在冥想前后，做完瑜伽后或者任何表演之前的开嗓，都非常适宜做这个练习。唱诵让你的精神与灵魂保持一致，帮你打开能量的渠道，让我们与神圣更加有力地连接在一起。

我曾经在纽约雇佣了一位营销顾问，请他帮我把视频投放市场。他提出了很多大胆的建议，说可以提高公司知名度。虽然才刚刚开始创业，但是我定了很高的目标，所以我很认真地按他说的去做。但是，几个月后，公司的业务并没有什么增长。他又以我的名义举办了一个非常盛大的派对，超过五百多人都来祝贺我开始创业。显然，他是举办派对的一把好手。我周旋于宾客之间，作为主人招待着大家，而他则与工作人员守在门口，为公司的业务通讯收集宾客的邮箱、派发礼物和供应酒水。那真是一个美妙的夜晚。

派对结束以后，我向他要宾客的名单和电子邮箱。增加公司在媒体上的曝光率是一件大事，这些邮箱是非常有价值的。几个星期以来，他都以不同的借口敷衍我。不幸的是，我被骗了。派对上的工作人员效力于另一家公司，他们与我的这位营销顾问早已同谋。他们假借我公司的名义来收集客户信息。这些信息都给了一家夜总会，这家夜总会是为当地的大公司举办派对的，现在需要新的潜在客户的信息。

我没有收到客户的名单，也没有得到任何报酬。我的营销顾问就宾客的电子邮箱的事情编了各种各样的借口，我一个字也不相信。几个月后，他起诉了我。在法庭上，我说出了真相，没有回应他的谎言，诚实地递交了我的证据。官司赢得非常轻松。

诚实地表达和对自己的生活负责总是有好处的，可能并不是你想要的回报，但通常都是更好的东西。从这次经历中，我了解到了真实的力量。我明白了声音的重要性，也明白了我不应该为未实现的诺言埋单。有的人总想将自己说谎或者犯错的责任推卸在你身上，但是你可以不让他们得逞。你只需要对自己的立场负责，走完适合自己的人生道路。

他人的行为需要他们自己负责。将注意力放在如何让自己的生命更加强大上。你不能期望他人在你疗愈的过程中是积极主动的一方，或者控制你的决定。情绪疗愈需要你接纳自己、接纳自己的感受以及学会如何处理情绪，从而让自己获得自由与幸福。这是自我的责任，一点儿也不自私。这是使用能量最有效的方式，你越是自由和幸福，你受益的就越多。

如果你仍然无法接纳自己的经历，那么需要确信的是，你还需要疗愈。为生活找借口，或者因为事情不顺利而责怪他人都是拒绝接受的表现。不论在何种情况下，扮演受害者都标志着对自我关爱和疗愈的需要。主动努力去获得情绪健康完全是我们自己的责任。

除了自我表达可能出现问题，喉轮失衡还有其他方面的表现。例如，如果你觉得当前的环境不安全，那么你根轮的能量可能出现了堵塞，从而引起了焦虑和恐惧。如果你缺乏安全感这个根本的基础，那么知道自己是谁是完全不可能的。如果你的能量被堵塞，无法表达自己的情感和欲望，那么喉咙可能由于脐轮的能量停滞而受到堵塞。如果你对自己或他人说谎，那么你的能量、音色以及喉咙都会有所反应。能量受阻很可能引起身体受限或抽搐。

你要么说出了自己羞愧、忧伤或内疚的情绪，要么就是压抑了这些情绪。真实的表达要求你照看饱受痛苦折磨的部分，这是接纳自我真相的真正含义。而喉轮也会对真相或失衡进行反映。

有些人恐惧公众演讲。如果潜在问题得不到解决，那么这种恐惧情绪就会转化为恐惧障碍。通过表演可以看出一个人的自信心，也可以看出诸如羞愧和内疚等隐藏情绪。怯场可能使人结巴，声音变弱、变小，甚至是完全失声。它还可能让脖颈变得僵硬，引起身体出汗，焦虑成了其主要的情绪。有些人对于在舞台上或者镜头前的表演完全不会害怕，但是在私下与人交流的时候会出现问题，例如，展示自己的内心。还有一些人可能会害羞，表现为隐藏自己的价值，害怕爱和亲密关系。我们在公共场合与私下的表现可能完全不同。在不断脱离痛苦和得到恰当疗愈的过程中，我们逐渐可以自由地表达我们是谁、我们的需求以及真实的自我。

倾听

交流不仅包括讲述和表达我们是谁，还包括倾听。我们总是能听到他人在讲话，但是却没有注意他们讲话的内容。或者，我们是出于利己主义在倾听，准备就对方的问题进行评价或表达自己的观点。我们想传授知识，却难以接受他人理性的声音，而认真地倾听别人是一件非常有挑战性的事情。在倾听的过程中会出现一种微妙的恐惧，让我们与关系保持一定的距离。

如果不带评判或私心地认真倾听，你会收获大量的信息。你会听出一个人的经历中所传达的情绪和能量。然而对方的话语可能会挑战你的信条，让你感到威胁，或影响你的情绪。你可能听出对方需要关注和爱，但这些又是你害怕给予的。对方的话语可能涉及你的行为，而你面对它们时会产生不舒服的感觉。你愿意接受你所听到的信息吗？如果他人的观点与你的大相径庭，你还允许他们说出真相，并做到真正的倾听吗？

> 因此，当你在全心全意地倾听某人的时候，你听到的不仅仅是那些话，还有正在传达的感觉，你在倾听着全部，而不是一部分。
>
> ——克里希那穆提

良好的倾听技巧需要耐心和同理心。同理心可以让你感受他人的情绪和经历，仿佛你在和对方分享情绪，而不是去维护自己的想法。你站在他人的角度考虑问题，毫无疑问，他人的观点、思想体系、经历与你的都不相同，但是同理心允许你去理解对方的真相。是否喜欢和认可对方的话语并不重要，你只需要倾听、接纳和理解就可以了。这才是带着同理心的倾听。

在一个注意力容易分散、想要让所有事情变得积极的世界中，做到深度倾听是很有挑战性的。在关注自己的事情的同时，假装倾听很容易做到。但是，如果你对说出真相感兴趣，那么倾听就能帮你实现这个目标。当你与他人一起投入一段关系时，你就可以实现真实。而我们从自己的角度出发去探索世界只能走到这里。当我们从自己的文化和个人信仰之外去寻求信息的时候，我们才能成长并获得知识。对自己的疗愈负责，说出你的真相。带着同理心与好奇心去倾听，才能发现那个渴望被展现的深层的自己。这种渴望来自灵魂的呼唤，而你对此的回应就是自我关爱。

情绪训练

迷你内观：内观是一种禅修方法，帮助清理引起忧虑和痛苦的思维以及那些分散注意力的事物。通常，虔诚的践行者会在某个地方隐居数周。我们称这种习练为“迷你内观”“静默日”或“正念”。习练内观，必须活在当下，在沉默中进行。你可以每天习练一次，确保每次都完成。习练过程中不能讲话或者进行任何其他形式的交流，不能携带电子设备或者发信息。起初，你可能会感到恐惧或焦虑，但是挑战自己完成整个习练。选择做一些有助于活在当下的事情，例如，在大自然中散步、冥想或者准备营养餐。内观是非常不错的正念练习，允许你的声音得到休息，同时可以倾听内心的真相。

冥想

以舒适的姿势坐在椅子上，闭上眼睛。用鼻子深吸一口气，然后张嘴呼气。最多做三次。闭上嘴巴，保持正常的呼吸。将注意力放在鼻尖上，轻轻地吸气和呼气。随着每一次的呼吸，想象自己正在走向一座小山，将注意力只放在呼吸和小山上。当你到达小山的脚下时，想象自己毫不费力地爬上了山顶。吸气，呼气。目之所及，都是美丽的景色，还有浩瀚的天空。下一次吸气时，想象自己敞开了胳膊，头微微向后，胸腔和喉咙冲向天空。运用这次机会宣告你的真相。下次呼吸时，想象自己张开了嘴巴，大声地喊出你的真相。“我想搬家！”“我想要自由！”“我恋爱了！”“10 美元是我偷的！”，等等。在这个神圣的、安全的环境里，无论你想告诉世界什么，请大声地喊出来。在喊叫的同时，你可以旋转、痛哭、跺脚或者跳舞。但是，请说出你的真相，并让它自由。

第三部分

Chapter 3

改　变

神 秘

正念是关于爱和爱的生活。当你培养了这种爱，它会让你清晰、带有同情心地理解生活，而你的行为也将与此一致。

——乔·卡巴金[①]

人的大脑是一台迷人的机器。大脑无须接收命令就可以控制身体，它是思维运转的数据仓库和检索系统。思维和大脑完全不同，思维控制能量体以及人对情绪的反应。此外，它还控制人的行动以及对世界的反应。是被灵魂还是被思维的忧虑和恐惧指引，这取决于你。

欠考虑的想法会造成自我欺骗，而正念会引起有意识的思考。不要将有意识的思考与正面思考相混淆。前者的目的不在

① 乔·卡巴金(Jon Kabat-Zinn)：美国马萨诸塞大学医学院内观中心创始人，擅长以内观疗法治疗心理疾病，是引介内观禅修进入科学领域的西方第一人。

于逃避生活中消极的东西，而是在带有同理心和积极的投入回应世界的同时，与我们的内在自我保持连接。

有一种理念是，每一种想法都反映了现实。我认为，我们的想法只是现实的一部分，它与所有想法的宇宙能量相连接。与宇宙的一体性是一种动态，在赋予我们同理心的同时，允许我们进入高层次思维的意识中。于是，我们可以影响世界的变化。如果所有事物都是彼此连接的，那么所有想法和情绪也是彼此连接的。如果我们恐惧并否认部分想法，那么也是在恐惧和否认部分现实。这会给思维造成更多虚假的幻象。一个想法创造了所有现实，与认为一个字母可以构成所有单词这种想法类似。字母“A”不可能组成所有词汇，需要将各个字母进行不同的组合，才能构成丰富的词汇库。这个道理也同样适用于想法和情绪。我们需要有不同的想法和情绪，从而变得更加自觉，并创造我们想要的生活。否认想法和语言就是在否认自我与宇宙的连接。

想法的力量非常强大。与我们不去细想的事情相比，那些不能释怀的事情花费了我们更多的精力。因此，掌控思维的活动非常重要，但是不能去否认想法。我们不愿意总是想着一件事，无论它是好是坏。我们需要各种想法，并与这些想法同在，从而过上丰富的、有意义的生活。

正念

正念可以扩大你的认识，柔和你的评判，帮助你成为更好的同伴，从而改变你的生活。它让你将注意力放在当下，更加觉知当下。你会放慢节奏，找到平静，处理当前的真实。正念就是活在当下。很多人都会幻想，认为相比于此时此地，还会有更好的地方。它的幻觉在于生活不是我们现在看到的样子，而是会变成什么样子。这些错误的观念让我们成为思维看到的现实的受害者。如果我们活在当下，我们就不会焦虑或者关注未来，因为不存在未来。

经常为我们所忽视的是，正念并不仅仅发生在思维中。当我们遵循了内在的智慧，就会接触生存的新的一面，而这一面与世界更加契合。于是，我们的身体、情绪、感官以及思维完全投入当下，我们会机敏地看到事物的本质。我们通过深入地观察身体、情绪和精神，增强我们的直觉力，于是，思维就充当了转化本能体验的过滤器。

正念是充满生气的活力状态，促使我们走向精神之路。充分连接和利用所有的内在资源，可以通往崇高、极乐的内心平静。

> 我们是自己的思想，所以注重自己的思考内容，语言是第二位的。思想是鲜活的，它们影响深远。
>
> ——斯瓦米·维韦卡南达

当你练习正念和有意识地思考的时候，负面的想法则充当了我们的信使。它告诉我们要注重自己内在的需求以及世界的需要。例如，一味地忧虑可能是内心恐惧的表现（根轮，第一章），缺乏控制（太阳轮失衡，第三章），以及本章所述的由于受到了误导，大脑需要冥想或正念练习。对工作的负面思考意味着你的热情与创造力中心出现了失衡（脐轮，第二章），或者是你由于羞愧无法遵循自己的核心信仰（太阳轮，第三章）。试图“停止”或“放任”对问题的负面思考，只会让你无法接收到信使传递的信息。此外，这还会让你无法获得自我关爱与内心平静。我们需要了解思想的倾向以体验身心健康的真实。当你在疗愈之路上变得完整并获得平衡的时候，你的思想会自然地倾向与内心和灵魂一致的东西，习惯性的负面思考也会减少。

停留在思维中的恐惧会让我们与自我和安全感失去连接。恐惧无法说明我们是谁，也不能控制我们。下面所提到的《提摩太前书》的经文是我在极度焦虑的时候记下的。它提醒我们，你不是生来就是软弱或充满恐惧的，你真实的本质是力量、爱与积极的思维。你同样具有这些品质。

> 神赐给我们不是胆怯的心，乃是刚强、仁爱、谨守的心。
>
> ——《提摩太后书》1:7，《钦定版圣经》

恐惧，有理性与非理性之分。理性的恐惧警告我们有潜在的危险；非理性的恐惧缘于对未知的错误思考。由大脑控制的内分泌系统释放的应激激素使我们感受到了恐惧引起的生理反应。出现的生理反应让我们更加害怕，仿佛我们的身体就要被恐惧控制了。除非你处于会引起恐惧的应激情境中，否则，通常你所感受到的恐惧不过是思维所创造出的幻象罢了。

我们如此信任思维及其工作原理，甚至开始认为思维就代表了我们。然而，我们仅仅是精神现实的想法吗？如果我们不能控制思维，那么答案就是肯定的。我们必须学会有意识地运用思维，不让其控制自己的行为。如果不对思维进行约束或引导，我们就会坠入错觉之网。

没有思维，我们就不会有充分觉知的存在，但是，我们必须警惕思维的把戏。思维就像一位杰出的魔术家，在我们眼前制造幻象。如果我们成了思维的奴隶，那么我们就只能从有限的角度去诠释生活了。于是，我们的认知会变得狭窄，想法会变得不重要，信仰的力量会削减。信念、爱与情绪不是在思想中培育而成的，它们只是受到了思维的评判。

思维控制了你的经历，就仿佛是狗在追逐自己的尾巴一样没有结果。只运用自己的思维，那么情绪或精神的处理过程就没有平静，更没有理解可言了。我们对一个想法反复思考，只会引起头痛或精神疲劳。这通常被称为“猴子思维”，因为就像一只猴子一样，我们的想法会不停地“跳跃”和“修改”，我们也总是会被忧虑、各种琐碎的声音和荒谬的想法搞得分心。

我们在做决策、集中注意力和辨识事物的时候才会用到思维。在谈到受智慧引导的时候，我们需要重新理解思维的能力。我们的内在智慧和直觉可以帮助我们更清楚地看见世界，让我们与更有意义的存在进行连接。

创造你的真实是走向觉醒非常有力的一步，获得内心的智慧让我们得以利用更高层次的意识、直觉、想象力和洞察力等多种功能。与心和思维的充分连接可以让我们更好地理解灵魂的欲望和需求，以及你想要实现的生活。

眉心轮

掌管大脑和思维的第六个能量中心是眉心轮，也被称为“第三只眼”。眼睛、耳朵、鼻子、内分泌系统、脑垂体、松果体等都处于这个区域。眉心轮可以帮助我们获得内在智慧和直觉，并与更高层次的力量和精神本源沟通。健康、平衡的眉心轮所面临的挑战是，对思维的假象和我们的本质进行区别。因为相信思维的假象，我们的健康才会被焦虑和恐惧所影响。眉心轮失衡引起的生理症状有：

荷尔蒙失衡	脑肿瘤
头痛	鼻窦炎
神经紊乱	眼睛疾病
失眠	耳部疾病
高血压	中风

信奉不正确的观点，同时没有练习用心的、有意识的生活，可能引起情绪和行为失衡。眉心轮失衡会引起下列问题：

思维僵化	恐惧未知
妄想症	优柔寡断
焦虑	无法区分信息与知识
抑郁	梦魇
偏见	迷失了生活方向

焦虑与思维

掩盖在焦虑、强迫症和恐惧症痛苦之下的是那些需要关注的未解决的情绪。恐惧和焦虑两种情绪在当今社会中蔓延，但是对如何解决引起这两种情绪的潜在问题的关注还很缺乏，人们只是在掩盖问题。其实关键在于解决问题，而不是治疗病症。

如果你的内心有多年来积压的羞愧，那么作为对情绪否定的回应，你的大脑中可能已经有了强迫症的表现。焦虑可能是心绞痛没有得到疗愈的表现，也可能是自我价值方面的问题。压抑情绪的外在表现让我们误以为自己是焦虑患者。焦虑或忧郁等表面症状让我们无法看到真正的问题——羞愧或自我厌弃。

焦虑是精神压力的产物，并会引起一定的生理反应。一味地忧虑、关注未来（未知）、食物耐受不良、对药物和酒精过敏、思虑过多、疲劳以及对思维缺乏控制等都会引起焦虑。通常，这是由于情绪未能得到处理造成的，例如，缺乏归属感，对自己当下的状态感到愤怒，犹豫不决，自我价值的问题，缺乏目标，羞愧以及其他问题。

焦虑，就其本身而言，并不是一种疾病。它是深层次的情绪或精神出现失衡后的表现。焦虑被普遍认为与家族遗传有关。然而，焦虑更多地被归因为是家人的习得行为，想要满足共鸣和适应的需求，以及与人际关系动力学和工具性学习有关。你可能相信恐惧会导致焦虑，但其实只有基于假象的恐惧才会引起焦虑，对危险的合理恐惧却不会。当我们真正感到恐惧的时候，通常根本没有焦虑的时间。如果我们对记忆产生了恐惧，那么焦虑只是恐惧未被解决的表现，此时我们应该感到安全，并将注意力放在接地上。通常，当我们没有投入足够的时间去解决恐惧的根源以及进行疗愈的时候，焦虑就会出现。我们不必永远活在焦虑的阴影中。

每一种痛苦背后都有一种未解决的情绪。

免受焦虑的困扰需要接纳焦虑，并让它自由地流动。你越是抵触焦虑，它的生命力就越强，正是你赋予了恐惧以力量才导致了问题的出现。这同样适用于我们的想法。不要从你的想法逃离，因为这么做只会给它们力量来追赶你；留意想法想要表达的信息，然后让它们继续流动。对烦恼和其他生活问题的关注让大脑过分活跃并掌控了过多的控制权，而思维的过度使用会让大脑疲倦，同时削弱你的体系，并为感受更多的焦虑搭建了一个平台。

最近，当我躺下休息的时候，总是会受到焦虑的困扰。它的拜访让我措手不及，因为我有很长时间都没有感受到焦虑了，也不觉得有任何压力。我静静地躺着，将焦虑吸入身体，让它自由地流动，并承认道："我感到焦虑。"在与焦虑相处的片刻中，我想起了我的奶奶在几年前去世这件事。我想哭出来。我意识到自己的心中还存有悲伤。我当时并没有花时间将这件事完全消化，而是将思念她的悲伤放在了一边。最后，我哭了出来，对奶奶的离开感到悲痛。在那之后，焦虑就消失了。

下一次你感到焦虑、恐惧、沮丧等其他负面情绪的时候，花一些时间反思症状之外的东西。为出现的情绪命名，允许它表达，并仔细倾听。你的觉知越是明晰，那么你给予疗愈的同情和注意力也就越多。值得注意的是，疗愈可能会很可怕。在疗愈的过程中，你可能会感到恐惧，因为进行疗愈，就意味着我们同意放弃穿上阻挡真实情绪的盔甲。我们恐惧爱，是因为我们不想感受心痛和悲伤。看看自己是否有勇气与这些情绪相处，情绪疗愈让我们有机会了解我们本质的所有方面的平衡，其目的不是控制，而是更好地利用各种因素以实现和谐和完整。

关于焦虑，还有未说明的一面。它将我们限制在一个狭窄的范围里，不仅在行动方面，还包括思维方面。当我们深受焦虑的困扰时，我们就无法充分利用思维的力量。只有我们的内心觉醒了，释放了束缚思维的恐惧，现实的可能性才会增多。如果不用焦虑这个狭窄的视角看待问题，我们就可以看得更多，做得更多，贡献得更多，并不断发展进步。充分利用思维，避免焦虑或恐惧的干扰，那么具有创造性的能量就会推着我们向前走，我们的潜能也会增加。正因为如此，我们不要让焦虑或其他情绪来定义自己。如果你当下感受到了焦虑，那么你就处于焦虑之中。如果你用“我感到焦虑”这句话来描述自己的健康状况，那么你就在限制自己思维的潜力。

你越是认为自己“患有”某种障碍或疾病，那么它们就越能“掌控”你。我们在面对标签和有序的思维时会感到“舒服”，但是我们不能因此就允许负面的情形控制了我们的生活。经验告诉我，焦虑是可以被控制的。我多年来一直极度焦虑，家人也都饱受焦虑的折磨，但是，我成功地克服了焦虑，它不再掌控我的生活了，但这并不意味着我不再焦虑了。当我处于可怕的情形时，我和其他人一样焦虑。焦虑和恐惧提醒我潜在的危险和伤害。

呼吸与疗愈

说明如何利用呼吸来解决情绪和生理问题是非常重要的。我们可以通过呼吸减小压力和降低血压，以及缓解由焦虑或生理失衡引起的其他症状。我们不能将呼吸技巧看作治疗潜在问题的药物。但是，呼吸可以迅速缓解焦虑和恐慌的情绪。一个完整的深呼吸对身体和思维都能起到抚慰的作用，因此，我们面对压力的内在回应也更加健康。

虽然有很多不错的可以缓解焦虑的方法，但是这些方法并不能触及潜在的问题。例如，深呼吸可以让身体冷静下来。呼吸练习有助于调节神经系统，减少压力和紧张的影响——避免思维和身体受到约束。但是，如果你的焦虑缘于多年积压的愤怒，那么呼吸练习并不能解决愤怒。你可以通过呼吸作用于愤怒，降低自己在狂怒中将电视扔出窗外的可能性，但是，在这里呼吸并没有触及愤怒的核心。呼吸练习可以伴你走过愤怒的附带作用（诸如对焦虑、愤怒或神经紊乱的反应）。这些都是诸如愤怒、恐惧或羞愧等受压抑情绪导致的结果。但是，针对愤怒和其他真实的情绪，我们就需要采取不同的策略了。比如，想想引起自己愤怒的原因，以及你是如何处理它的。不要因为它道歉，不必害怕它，要努力克服它。

如果一种情绪（愤怒）的出现是由于你没有照顾到另一种情绪，那么这种情绪才需要道歉。例如，如果你为伴侣没有放下马桶盖而愤怒，而实际上你的情绪是受伤；因为他没有为自己忘记了你的生日而向你道歉，那么愤怒就不是真实的情绪，需要解决的是你受伤的情绪，以便实现疗愈。

承认愤怒，接纳它，处理它。当你表达和接纳情绪时，情绪的强度就削弱了。你感受到的是愤怒原本的样子，运用语言、其他情绪、思维以及同理心去处理它。与愤怒相处，直到它转化为另一种情绪。如果我们的感官因毒品或其他分散注意力的东西而麻木，那才是真正的危险和伤害。我们这么做的目的是摆脱负面情绪，与问题的根源断开连接，从而实现疗愈。

我在情绪训练中极力推荐呼吸练习，就是因为它有助于我们集中注意力，保持对思维与身体的关注。但是，你不能指望仅仅依靠这些技巧就确保自己的情绪和精神处于健康的状态。这些技巧只是帮助你解决问题的症状的，你需要关注的是那些问题。

情绪训练

花点儿时间：只需要花一点儿时间与自己相处。若发现造成自己痛苦的根源，你的意识可能很快就得到了转变。疗愈就是触及自己真实的情绪，而活在当下允许情绪鲜活起来。当你接地并活在当下、安全地扎根于生活（第一章）的时候，打开心扉去处理情绪会更容易做到。允许自己成为原本的样子，将困扰你的深层情绪表达出来。如果感到难过，就哭出来。用枕头蒙住头大叫，将愤怒发泄出去。如果感到孤独，就去写日记。一旦深层的情绪得到了解决，你就踏上了通往疗愈的道路。

干扰

我是非常容易分心的人，我的兴趣广泛，大脑中总是充满了各种各样的主意。我可以连续几天分心而不去做手头的工作。就在写这本书的过程中，我拥有了一座干净的房子和一辆精致的车子，我重新打理了生意，投放了新的产品线。谁说分心就一定是负面的？

干扰是我们精神与情感生活中艰难、枯燥部分的重大障碍。你越是分心，就越难以与内心的指引保持一致。我们用各种事物填充了时间，而不是利用时间来进行自我关爱，例如，祷告、冥想、经营关系或者与自己相处。干扰让我们无法倾听梦想与内在智慧的声音，阻止我们去感受当下。

我们越是躲藏在干扰之后，就越是与现实失去了连接。这就好比开着车，但是不知道如何就到了目的地。你的大脑和身体在自动运行，而思维却不知跑到了哪里。这种情况在我们与他人的关系中以及个人生活中都会出现。今天我们重点关注的是个人成长和自我关爱，明天就退回了工作模式，看不到更大的图景了。我们并不关注正在发生的事情、我们的感受或者灵魂的愿景。干扰让我们与自我分离。

如果你发现自己在工作的时候需要干扰，或者无法与同事共事，那么这可能是你需要换份工作的信号。我们在关系中制造干扰，是为了避免表达和传递自己真实的情绪，从而隐藏或掩盖问题。我们的孩子、事业和家人都可能成为干扰我们关注人际关系的因素。

玩手机、照顾家庭、打扫、看电视以及买鞋都在日常生活中占有一席之地，但是这些活动不能占用实现自我关爱与情绪健康的时间。

直觉

直觉是一个可以收发信息的信息系统，它连接了心与灵魂，受内心指引和转换，又被称为“第六感”或“第三只眼”。通过体征和意识，我们知道自己在跟随直觉，仿佛有神圣的知识穿透了身体，你感受到的直觉的体征有：起鸡皮疙瘩、心里七上八下以及深层次了解时的“啊哈”时刻。随着这个信息飞速地传来，你的心接受了它的智慧，并开始信服地行动。如果此时受到了思维的干扰，或者恐惧阻碍了你清楚地看见的能力以及行动力，那么问题就会产生。

学习相关知识，并在日常生活中进行运用；因为灵魂之旅和情绪疗愈需要对思维、身体和精神进行整体的倾听。

孩子天生就具有直觉。他们很少会去筛选环境，这也解释了为什么他们在成长的过程中通常会相信自己的所见所闻。如果这种信任行为得到了鼓励，那么他们在长大后会过上更加令人满意的生活。我还记得自己开始“知道”事情的情形。我那时大概六岁了，还不会用词汇来描述自己认为是真实的东西，尽管这些东西在自然界很令人费解。我能看到他人似乎看不到的东西。我的情绪极度敏感，可以与对面的天使和能量进行交流。我能以特有的方式理解事情，但我无法解释清楚，所以我当时没有告诉任何人，但是直到今天，我还对此十分感兴趣。有时候，能量和情绪的力量如此之大，我会感到害怕，但是，与认识的深度进行连接帮助我以特有的方式理解世界。

这些早期的经验促使我从事了现在的工作，走上了精神之路。生活为我们提供了无限的连接，思维、内心以及能量所做的各种各样的选择造就了各种完全不同的经历，我对此十分惊奇。直觉、经历以及自己遭受的创伤，让我成为一位富有直觉力、超个人的疗愈师，我的技巧可以引导他人完成个人灵魂的转变。一旦你相信直觉力是自己的一部分，你就不会认为它有什么神秘的了。相信直觉并不是迷信；它并不需要精神领袖，你也无须将其归因于任何信条以便符合内在的智慧。你可以通过打开心扉，倾听灵魂的召唤，利用相关信息进行连接。你拥有走向平静和幸福的内在智慧。我们需要花时间练习直觉并给予它信任，除此之外，它是一项不需要花费任何其他成本的天赋。

体会言外之意

直觉就像内心的方向盘，心告诉我们目的地，而直觉将我们载到目的地。相信直觉并不容易，理性思维需要实在的证据并经过科学论证，才能相信我们所看到的。然而，与其说直觉是一种想法，不如说它是一种感觉，只有根据感觉行动才能确定它是否正确。了解直觉困难的部分在于，你必须先遵循内心的指引，然后才能知道自己是否是行进在正确的道路上。尽管这看起来很不寻常，但这是培养自信与自爱的最好的方法。

我把直觉力称为“体会言外之意”，就像纸页上的文字传达的信息一样，那些文字很容易理解，连接起来就表达了一种思想。但是，那些无形的信息就像铁门之间的空气一样让人不可捉摸——你永远不知道它就在那儿，直觉也是如此。

“深植于脑中”这种感觉很常见，尤其是当它涉及商业决策、人身安全和实际生活的时候。我们每天都要进行大量的决策，可能被完成工作、超越他人、养家糊口等压得喘不过气来。我们认为大脑在任何情况下都是最佳的指导者，所以我们拼命工作，以做出明智的选择。

答案总是在字里行间才能找到，即使是重大决定的对策也是如此。这句话到底是什么意思呢？想象自己将想法写在带有横线的纸上。你可以用内在的智慧看到字里行间的言外之意吗？这与你说了什么或没说什么无关，而与你的感受有关。情绪不一定会体现在纸上，但是在思维的言外之意中，你会找到直觉——受到内心启迪的、来自灵魂的声音。

直觉是非常有用的，比智力强大得多。

——史蒂夫·乔布斯

克拉克已经在同一家公司工作了很多年了。他最终升了职，薪水也很丰厚。他觉得一切都得到了回报，自己的价值也得到了承认；不仅如此，连他的家人也获得了全套的福利保障。尽管这次提拔后的职位已经很好了，但并不是他自打毕业后就梦想做到的职位。在这十五年中，克拉克兢兢业业工作，领着并不是那么令人满意的薪水，他现在心中依然充满愤恨。为了让自己的情绪合理化，他告诉自己可以找到其他方式来发挥自己的创造力，例如，某个爱好。但是，由于背负着养家糊口的责任，他没有太多可供消遣的时间。

就在那个月的下旬，克拉克收到了另一家公司的邀请，这意味着他们全家都要搬家。工作内容都差不多，但是这份工作更有利于发挥他的才华和创造力。不仅如此，这是一个高层职位，让他有机会为自己的将来和公司的未来发挥作用。这是他梦想的工作，让他纠结的是薪资水平。这份工作的薪水没有现在的工作好，福利也不够全面。但是这份工作本身以及工作地点都很好，前景也不错。对于克拉克来说，这是一个重大的决定。

克拉克和朋友讨论了这个工作机会，然后比较了二者的利与弊。他列了清单，计算了生活费用。他考察了新工作地点的生活成本、教育质量以及房地产市场。他还考虑了保险情况、妻子的投入、父母的年纪、工作保障以及其他因素。关于这份工作，需要考虑的问题有很多，这也是克拉克人生中的“重大决策”之一。

这也是很多人会迷失的节点。相比内心的指引，我们更相信“常规”或者是熟悉的安全区。不论克拉克如何斟酌、如何有压力或忧虑，也不论纸上的内容，答案就在字里行间。他的灵魂之旅呼唤他用心和内在智慧做出决定，他想抓住这个可以让他更具创造力的机会，而且新公司认为他是优秀的人才，克拉克觉得自己的辛苦努力终于得到了回报，自己的梦想就要实现了。尽管从各方面来讲，这并不是一个最现实的选择，但他想接受这份新工作，他的精神在呼唤他去，这是受内心指引的灵魂在起作用。

你的灵魂对你说了什么？你的内心告诉你去哪里？这是直觉在对你说话，它呼唤你进行情绪疗愈，指引你完成转变。

直觉好比有洞见的闪念，将为你的生活带来全新的方向。它也可以是与自己不断沟通的结果，仿若一位好友在给你带路。

在练习直觉力的过程中，你会发现那些小的、每日需要做出的决定，才对我们的生活具有真实的意义。这些微小的决定通过累积会变为“重大”的决定，然后构成受灵魂启迪的生命的框架。在我们完全没有意识到的情况下，直觉在潜意识层面就做出了这些看似无意义的决定。而拥有足够的觉察力对了解直觉、思维、情绪以及正念之间的区别是非常重要的。

思维与直觉非常容易混淆，因为我们以为它们是相关联的。其实，二者之间是存在差别的。一些人所说的内在智慧指的就是理性思维，仿佛他们“恰好知道”那就是正确的决定。这“恰好知道”的内心本能就是你的直觉，它与传统的思考以及知识都没有关系。你所经历的不眠之夜、头痛、焦虑或猴子思维都是思维在作祟，而不是直觉。思维向你发出信号：有些东西失衡了。如果你总是焦虑、忧虑、恐惧或犹豫不决，那么你可能赋予思维过多的控制权。你应该将注意力重新放在正念上，允许心和精神参与、引领，而不是过度依赖思维进行决策。

理性思考需要利用思维才能完成特定的任务，但是不要因此过度使用思维来指引生活的走向。你强有力的内在智慧是与灵魂相连接的。通过内心的引导来缓解恐惧，克服犹豫不决和缺乏目标。如果克拉克仅仅是基于薪水做出了选择，那么这就是思维做出的理性抉择。如果不是，那他就选择了跟随自己的心和直觉。

我们将在本章结束的时候再次练习心灵绘图，它是培养直觉、信任直觉的实用方法，也有助于磨炼深度倾听的技巧。倾听你的灵魂需要连接精神本源——上帝、天使、灵魂向导、祖先等任何与你的灵性连接的对象。如果你学会了让思维和身体冷静下来，那么祈祷与冥想可以有效地帮助你进行倾听。

用直觉进行倾听的效果非常清楚，以至于你根本没有意识到是直觉在起作用。语言和思维也会渗透进来，不过它们只是普通的想法。关注那些主动向你“走来”的事物，即使它们不符合规范，可能会突然涌现出一张脸、一个名字、一种颜色或一种气味，甚至是一段记忆或一种情绪，这些看似普通的想法可能帮助你洞见需要的信息。如果你有倾听方面的问题，日记可以帮到你。

情绪训练

写日记：写作是用直觉倾听的很好的练习。之前的情绪训练中提到了自由写作，用来消除思维中杂乱的想法。写日记则需要更加专注，每天至少花5—15分钟记日记。允许自己运用故事和梦想进行创造性的表达，尽可能自然地、不进行任何筛选地写作。将它看作成年日记，无须添加过多的、近期发生的戏剧性的情节。发挥想象力充分地表达自己。想想每天激励你的是什么，将它表达出来。你可以选择某种颜色、某种食物、自然界的某个元素或者某种情绪来表达你的思想和情绪。写日记可以有效地连接创造性能量（第二个脉轮），同时也可以激发想象力（第六个脉轮）。

复活节彩蛋的故事

在一个复活节的早晨，我计划先去散步，然后回家写作沉思。下午，我坐下来着手写有关冥想的东西。尽管那是美妙的一天，但是我什么也写不出来。我感到自己被堵塞了，自我怀疑、疲倦纷纷登场。于是，我闭上了眼睛休息。我并不想这么做，因为脑中涌现了大量的自我评判："我做得不够好"，"我还不够好，不够有创造力……"我走神了几分钟，然后睡着了。

我的祖母非常喜欢教堂以及有关基督教的节日，所以我那天很自然地想到了她。我很想念她。祖母去世后，我一直希望自己与她之间存在某种神秘的连接，但是她从未联系过我。没有鸟儿、日落、差使或者托梦。我常常想到她，感受她的爱，但是我想要一些看得到的东西——某个标志物。

我养了一只名叫科兹摩的猫咪，有一天，它把我从睡梦中弄醒了，想和我一起玩耍。它在房间里的一张桌子上走来走去，那张桌子上摆放了一些珍贵易碎的摆件，其中很多东西都是祖母给我的。我让科兹摩下来，但是它没听我的。相反，它朝着一颗放在一个小雕塑上的木质鸡蛋走了过去。它想尽方法要把蛋弄出来，注意力完全都在那颗蛋上面。最终，它成功了。我把蛋从它的嘴里拽出来，在这个过程中，我的心中溢满了对祖母的爱。

祖母去世后，我继承了一件可爱的迷你夹克。那颗木质蛋就放在夹克的一个口袋中。祖母在世的时候，从未提起过这颗蛋；这颗蛋是有形的，让我觉得自己与祖母之间还有连接。就在复活节当天，科兹摩第一次从桌子上抢夺了这颗蛋，这太神奇了。祖母肯定生气了，因为她根本受不了猫！

那天晚些时候，我与一位客户约好了在 Modern Sage 见面。我通常不会在复活节会客，但是那天我决定帮助这位客户。直觉告诉我应该早点到，以免在这之前还有其他客户需要帮助。果然，我刚到，就有三位客户进来了，其中一位需要焦虑方面的帮助。我很开心自己来了。

在我帮助客户的过程中，我发现了一件异乎寻常的事情——一颗巨大的水晶蛋被放错了位置。前一天，它还在墙上展示着，现在却被放置在商店的一张桌子上。这颗蛋从橱窗中跳了出来，在桌子上跳了两英尺远，然后跳到了一张一英尺长的木箱子上，最后落在了一个紫水晶十字架吊坠上。这颗水晶蛋是唯一一件从橱窗中取出的物件。

我惊奇于这颗水晶蛋从墙上跳下，找到了十字架，而且是在复活节当天！祖母深爱着上帝，深爱着我，深爱着彩蛋，也深爱着十字架。没有预料到的是，我购买了各种宝石十字架在 Modern Sage 销售，我以为她喜欢翡翠十字架，但她却挑了紫水晶十字架。

我深信，祖母那天并不仅仅是陪我庆祝复活节的，她还是来提醒我要珍惜生命中发生的奇迹，与爱的连接以及与内在智慧相处的重要性的。

直觉思维是神圣的礼物，理性思维是它（直觉）的忠实的仆人，而我们现在却创造了一个社会，它给“仆人”以荣耀，却忘记了自己神圣的礼物。

——阿尔伯特·爱因斯坦

这真是一个神奇的复活节，我的内心和精神充满了觉知，我注视着直觉不断延展。这次经历让我重拾了写作的冲动。与祖母的连接让我见证了精神的力量，让我与直觉连接，去帮助他人，去创造。复活节彩蛋是创造力的美好象征，这次经历也让我对这本书产生了新的想法。

当你安静的时候，你可以听到灵魂告诉你前行的方向。无论你是否受到了鼓舞，试着遵循它的建议。这就是直觉的神奇之处。如果我们倾听了，那么就有可能参与到不断发生在我们周围的奇迹中。若将思维和内心与身体和精神连接，我们将会见证生命自然的以及超自然的流动。如果我们去观察，“标志”一直都在那里。复活节这天发生的所有事情都不在我的计划中。那个周末，我原本应该待在海滨别墅中写作。但是，我遵循了内心的声音，结果度过了美好的一天。

将所有时间花费在寻找标志上，既不可行，也有害健康。但是，如果你与内在资源以恰当的方式产生了连接，那么世界的欢喜都会在你身边展开。这种生活方式需要对你的前行之路有更多的信任。

不论你的宗教信仰是什么，重生对我们每个人来说每时每刻都是可能的。正如凤凰涅槃，精神永不熄灭。如果你感到自己受到了阻塞、害怕、迷失或者失去了连接，请保持冷静，倾听内心的指引。你所听到的声音就是来自灵魂的呼唤。

情绪训练

想象练习：运用想象练习帮助直觉觉醒，同时表现自己的创造力，就好比做一个高效的白日梦。为明年制定一个目标；可以睁开眼睛也可以闭上眼睛，用五分钟的时间想象你是如何完成这个目标的。制订如何完成这个目标的详细计划。想象你在完成目标的过程中都采取了哪些步骤，进行了哪些活动，越详细越好。如果你的目标是去意大利旅行，想象自己是如何购票的，你在飞机上的着装是什么样子。想象自己在罗马的一家咖啡馆里享用早午餐的样子。想象自己与当地人交流的情形。这个练习可以有效地锻炼思维，有助于有意识地生活，并能提高想象力的能量。它还很有趣！

不只是冥想

现在流行的新趋势是精神升华。很多人都想通过瑜伽和冥想解决自身的问题。请不要误会我的意思，我长期都在练习瑜伽和冥想，但是，我们需要牢记如何把握平衡以及如何自由地流动。冥想是自我关爱的一个重要手段，但不是唯一手段，它与极端减肥法不同。练习正念的热潮引起了人们对精神追求的兴趣，并让冥想进入了主流市场。这是极好的现象，但是，仅仅依靠冥想就好比通过每天吃一个苹果就能健康的道理一样。如果你不改掉坏习惯，每天吃一个苹果并不能满足你的健康需求，你也不能仅仅通过冥想来解决所有的情绪问题和精神问题。然而，如果出于正确的动机，对平静和幸福进行整体研究，那么冥想就可能产生重大的影响。

冥想之所以流行，是因为人们从中获得了积极的效果——改善了睡眠、集中了注意力、减少了头痛和焦虑，整体放松以及提高了工作表现。冥想有这么多的好处，但是，需要注意的是，冥想并不仅仅是放松和让思维平静。

冥想有助于发现并连接真实的自我以及深层的本质。当你将注意力放在当下的时候，脑中纷乱的念头就会沉寂下来，来自身体的干扰和渴望就没有那么折磨人了，于是，你就可以深入自己的存在。你越是接近内心，就越能相信自己以及情绪。坐在安静的环境中，将注意力放在各种想法和情绪上，有助于降低它们的强度。

有一些人无法练习冥想，因为他们总是试图关闭思维。我鼓励客户多想想家长和孩子所扮演的角色。孩子总是弄出各种噪音和动静来获取家长的注意力，他们大吵、大叫、乱舞，不停地打断你。你越是忽视、责备他们，他们就叫得越大声，让你不胜其扰。如果你与孩子坐在一起，并给予他充分的关注，那么孩子就会感到满足，因为他感觉自己被重视了，感受到了被爱。于是，吵闹停止了，孩子变回了孩子，继续玩耍和探索。同孩子一样，想法也需要被关注。坐下来，就像倾听孩子一样倾听自己的想法，让想法传达其信息并允许它存在。当一种想法离开后，欢迎下一个想法。你不是在关闭思维，因为思维是用来思考的，这是它的职责。当你成为思维的主人后，你就可以开始控制思维的节奏和活动了，并可以对恐惧和真实进行区分。

这个简单的方法可以使思维平静下来，并起到抚慰的作用。每天至少抽出五分钟，坐下来不动，保持安静。请注意，不要将冥想看作逃避与控制的手段。冥想是积极的，但是，我看到很多人在追寻与当下不同的体验时失衡了，致力于达到新的精神层次，可能丢失世界的真相。我们同样需要关注当下、亲密关系和创造力，并打开心扉。

冥想可以改变生活，但是它不能用来让我们变得更好，或者变得比他人和之前的自己更有灵性，变得爱评判并不是我们的目标。如要我们将所有的能量放在思维以及获得更高层次的意识上，可能引起功能失调。在工作中，我看到很多人在精神之旅中与世界的经历和他们的情绪分离。其表现包括：轻浮、混乱、无法与他人连接以及害怕普通的经历。冥想并不是以结果为导向的思考或行动。

一位年轻的女性因为其第六个脉轮出了问题来向我寻求帮助。在精神层面，她练习冥想，但是感到受阻了。她告诉我，她每日使用水晶和精油冥想数次。看得出来，她很沮丧，因为如此高强度的练习并没有带来她想要的效果。她想免于忧虑以及世界的纷杂，相反，她比练习之前更忧虑了。我观察了她的能量和脉轮，发现并不是她的思维出现了失衡，而是根轮和脐轮，并且失衡是身体方面的。她极度缺乏营养，并患有系统性真菌感染。她的整个身体以及能量系统都超时工作以解决对某些食物的负面反应。她的多数能量都用于帮助身体重新恢复平衡。由于饱受痛苦，她忽视了身体的健康，极力想保持专注并练习冥想。如果没有现实生活中的细枝末节，那么整日生活在这个宇宙中也是不可能的。我建议她改变饮食，食用更多的蛋白质和益生菌，消除食物的过敏源，于是，她逐渐恢复了健康。我还建议她增加运动量，增强与大地的连接。现在她感觉自己更健康、更稳定了。在成为人所负有的责任与同时寻求更高层次的意识之间，她找到了平衡。

情绪训练

芳香疗法：天然精油取自植物，它们作为药用已有几百年了。天然精油对人的情绪、身体以及思维都有疗愈作用。针对焦虑、沮丧以及注意力缺乏，我建议将精油涂抹在头部，或者使用喷雾式扩香器。如果是直接涂抹到皮肤，请使用基础油，例如，葡萄籽精油、杏仁精油以及椰子精油。在每一滴你最喜欢的香精油中，滴三滴基础油，并进行混合。将它们涂抹在太阳穴、脖子以及眉心轮。如果是涂抹在身体上或者是使用扩香器，选择能够让感官清醒的精油，例如，迷迭香、天竺葵、快乐鼠尾草、薰衣草、佛手柑以及橙花油。乳香、没药、檀香等精油有助于习练祈祷与冥想。

冥想

穿上舒适的鞋子和衣服去户外散步，花 10—20 分钟进行冥想。如果可以，请赤脚走路，专注、轻松地行走，而不是为了走得更远或更快。首先，将注意力放在脚底，确保脚底与地面充分接触。经过几次呼吸后，让思维仅仅关注身体的移动。留意脚步同时抬头向前看，保持舒适的步伐。注意前方的景色，并带有充分觉知的观察。如果那是一棵树，就不要将其想象成其他的事物。观察树的颜色、大小、形状。也许你看到的是一辆车或一个人，同样仔细、留心地观察。在冥想散步的过程中，允许双脚引领你前行。一边呼吸，一边对自己说："我被神圣地指引着。"重复唱诵，让思维与身体放松下来。

心灵绘图

准备一张空白的纸和一支笔。本次绘图有助于培养和习练关于直觉的技巧。

在纸张的中间画下一个标记，命名为“心”。接着，想想自己需要做的决定，或者未来3—6个月中可能发生的事情。搬家、换工作、关系的变动或者是领养宠物，等等，只能选一项。在右上角做一个标记，并写下你需要做出的决定。在“心”与决定之间等距离地做五个标记。

本次绘图的目的是通过直觉倾听来拉近“心”与事件之间的距离。在上一次绘图中（第四章），我们拉近的是事件与“心”的距离。二者的作用方向相反。

花一点儿时间集中注意力。放松你的眉心，迅速地检查全身；觉知自己的感受，找到放松的状态，并打开能量流。在自己筋疲力尽、愤怒或者情绪脆弱的时候，尽量不要运用直觉。如果你此时有些发懒，找时间下次再做。懒惰会导致猜测。

当你充分意识到思维中的决定，并信任内心的时候，让下列问题给你指引：（1）这是我想要的吗？（2）我的身体有什么样的感受？（3）如果不需要考虑其他因素，心会告诉我怎么做？（4）这对我有利吗，以及为什么？（5）对我来说，现在正确的方向是什么？在五个标记旁边，写下问题的答案。

根据第一感觉写下答案。在内心和灵魂没有发声的情况下，看看会有什么样的答案。不论你听到了什么，都把它记下来。它可能是一条线索，也可能是事情发生的经过。如果你看到了绿色，那么就记下绿色。它可能是你新家的门的颜色。完成后，将纸放在一个安全的地方，等做决定的时候再拿出来。直觉是练习正念的一个非常好的工具。为了确保自己在正确的道路上，你必须密切关注内心的声音，并对外界进行充分的觉察。如果你能够深入灵魂，相信内心的指引，那么将是非常勇敢的行为。

升 华

在地球上的每一个人的生命中，每一个时刻、每一件事情都会在他的灵魂中种下东西。

——托马斯·默顿

本书强调了恐惧、内疚、羞愧以及悲伤等情绪对人的影响，以及如何处理和疗愈它们带来的痛苦。我们追求幸福和平静，而只有通过连接与接纳才能实现这个目标。情绪疗愈需要将破碎的自己重新整合。为了修补自己的心，你必须面对痛苦，必须愿意拆掉情绪这座牢狱的高墙。

很长时间以来，我们通过对自己和他人撒谎来回避痛苦，这加剧了情绪抑郁，并切断了我们的连接。这是试图与痛苦分离的负面能量模式在起作用。通过与我们神圣的本性进行连接，我们才能自由。为了获得完整与健康，我们必须接纳和处理痛苦，并欢迎本源、造物主以及伟大的“指导者”的指引与带领。我将这种能量称为“上帝”。当我们与本源连接，满怀信心地前行时，我们会找到精神与肉体、天与地之间的平衡。丰富的精神生活会带来令人满意的、平静的现实生活，这是与疗愈连接的最后一环。将精神智慧与现实经验连接，有助于我们处理情绪，不断进步。

内心与灵魂一致了，才能实现觉悟。生活中的每一次经历都恰恰是疗愈以及实现一致所需要的。如果我们忽视或背弃了经历，那么精神进化便会戛然而止。我们的目的是与所有的经历和情绪产生连接，这样我们才可以朝着一致迈进，经历真实的自我关爱和平静。每一个人都是独一无二的，所以我们的疗愈之路也各不相同。这也是我们需要经历和面对不同体验的原因。当我们处理生活中的痛苦时，我们的心就可以自由地参与更高层次的追求了。情绪疗愈之所以重要，是因为它是我们实现真实追求的道路。

越是与本源连接，就越是可以深入人类的经验。

情绪疗愈有助于我们实现对平静和幸福的追求。如果我们逃避疗愈，我们就会陷入思维的幻想之中。思维让我们误以为只有做到与众不同或者完成得更好，才能获得平静和幸福。而往往错误的观念掩盖了我们对疗愈的需求，我们通常认为更多的钱、最炫酷的跑车或者最新研发的药品，这些尘世的依附可以让我们感觉良好，但是，仅仅依靠外在的事物是不能够解决情绪抑郁的内在冲突的。平静缘自灵魂，而不是来自思维的幻想。

从如何看待思维的真相到如何看待灵魂的真相，这种视角的切换有助于定义你是谁。你的疗愈之旅从这里开始，并且可以了解坏事发生在好人身上的原因。以灵魂为原点，我们开始接纳自身的缺陷，从恐惧一切到活出伟大，疗愈得越多，就越接近一致以及我们神圣存在的真相。从这里开始，我们可以体验一直渴求的平静和幸福。

对多数人来说，完成精神之旅并不容易。它象征了宏大的思想体系，包括接纳、理解、爱以及优雅等概念。我们认为，为了实现更宏大的计划，我们必须放弃自己的欲望或需求。你越是投入疗愈，内心与灵魂越是一致，就越是容易接受灵性的各个方面。

了解你神圣存在的连接是你自身的责任，依赖信念、相信自己的感觉很可怕。你可能需要违背他人认为你应该做什么或者成为谁的看法，但是你或许会在这个过程中找到幸福。

顶轮

第七个脉轮是顶轮，它被看作掌管我们全身健康的主要脉轮。顶轮位于头顶，其能量向上发散。这个能量中心也被称为“精神智慧的大门”，帮助我们实现更高级的自我以及神圣的追求。我们在这里与上帝和生命的一体性连接。如果顶轮是健康的、流动的，那么我们就会感到自由、充满觉知，并相信生命的秩序。很多人在此都会经历更宽广的视野，并能与宇宙和谐相处；顶轮决定了我们是如何回应周围的世界的。顶轮的能量与内心和灵魂相连，我们于此寻求平静、涅槃以及超脱。

很多人的精神信仰都受到了阻挡，原因是受到童年的记忆或对上帝抱有愤怒的影响。如果你被迫去做礼拜，或者完成你并不认可的仪式，那么你就有可能抛弃所有宗教或信仰了，你有可能追寻其他不同的东西来满足你对信仰的需求。接下来的问题就是找到自己真正相信的东西。如果你因为遇到糟糕的情形而责怪上帝，或者无法相信一个更高的力量让这个世界发生了不好的事情，你也有可能不再相信精神之源了。由于怨恨、痛苦、反叛或愤怒等情绪而造成顶轮能量阻塞，这很常见。当信仰体系受阻，我们就无法将内在的智慧和生命追求转化为恰当的生命体验。

每个人都会遇到这样的时刻，我们感到疲倦不堪，或者无法独自面对生活。跨过情绪成熟期的门槛也是精神的升华，但是这个过程可能令人困惑。那些相信更高力量的人通过祈祷或共享责任找到安慰的能量，而那些没有精神基础的人的生活通常都会出现明显的失衡。通过生理或情绪表现出的症状，灵魂可能会刺激我们进行重新连接。顶轮受阻而引起的生理症状有：

偏头痛	脑瘤
神经功能障碍	精神分裂症
失眠	躁郁症
阅读障碍	抑郁
痴呆	神经疼痛
成瘾	多发性硬化
妄想	帕金森病

顶轮能量受阻或与更高层次的自我失去了连接，还可能引起情绪失衡：

缺乏方向	害怕死亡
沮丧	犹豫不决
压力	迷茫
情绪抑郁	不快乐
孤独	生活目标不清楚
孤立	冷漠
愤世嫉俗	无法制定或完成目标
缺乏信仰	精神困扰

对上帝愤怒　　弥赛亚情结

精神指引

我们受到的精神指引越多，就能收获越多的智慧、喜悦和平静。我们需要源自思维之外的事物的平衡与力量。由于思维总是骗我们相信世界做出的虚假的承诺，所以如果我们与精神智慧和信仰相一致的话，就会感到极大的宽慰。思维说，如果我们认真工作，赚更多的钱，就不会经历艰难困苦了。但是，只有与你神圣的存在连接，才有可能获得终极的自由。随着情绪不断疗愈，你与灵魂——受平静统治的地方——越来越近。

> 信仰在于肯定灵魂，无信仰在于否定灵魂。
>
> ——拉尔夫·瓦尔多·爱默生

接纳并信任痛苦与欢乐都是生命中大计划的一部分，我们能与神圣的自我连接，进而孤独也得到了缓解。这需要拥抱未知，克服恐惧。在我们通向无所畏惧的道路上，羞愧变为了爱，内疚变为了同情。我们懂得了爱，可以满怀信心地向前走，爱可以超越世界，可以为我们提供慰藉的信条。慰藉就存在于我们自身，与灵魂相连。

精神是灵魂的表现。你是完美的、神圣的能量，拥有独一无二的性格和受到指引的追求。你的灵魂不会改变，但是与灵魂的关系却可以改变。祈祷、冥想以及精神方面的工作都与灵魂相连。祈祷和冥想在本质上都带有高振动能量，这与神圣能量的振动更为一致。在与真我合一、把心打开去给予非物质的东西时，你就与神性的频率共振了。

情绪训练

瑜伽：有些瑜伽体式能够有效地加快血液流动，增加顶轮的能量。多数倒立体式——头部低于心脏——都有这样的作用，包括头倒立、肩倒立和前屈式。请从前屈式开始练习，除非你的瑜伽水平已经达到高级了。请将双脚打开，与髋部同宽。微微弯曲双膝，缓缓前屈。手臂自由落下，也可以互抱手肘。释放颈部的紧张，让头部自由地向下悬垂。如果感到背部不适，再弯曲一点儿膝盖。如果可以，保持 5—10 个呼吸，然后缓缓恢复站立姿势。早晨起床后，或者感觉有压力、精神模糊、失去连接时都可以做这个体式。

精神信仰是对于每个人都独一无二的信仰结构。通常，信仰基于我们被告知的需要相信的东西。找到自己的信仰，确保它们与自己的内心是一致的，这非常重要。

在精神追求的过程中，不要将目标定得过低。思维会限制可能性，包括知识的潜力、个人生活、恋爱以及精神信仰。控制好神圣的能量让一切都成为可能，包括那些非凡的情况。

我在教堂青年团的时候有过一次非凡的经历。教堂青年团是一群年轻人组成的小团体，我们四处奔波，在收容所、教堂以及社区举行音乐会。有一次，我们在密歇根的教会宣传旅行中，要在一座很大的邻里公园中举行音乐会。大概有十几个歌手和乐手，扬声器、麦克风以及线缆都已准备就绪。

我们在彩排的时候遇到了一个技术问题——设备不发声。领队四处寻找插座，但是由于音乐会是在公园举行，所以我们的选择并不多。我们整整一周都在散发传单，观众都非常热情，人数越来越多。要解决这个问题，时间是关键；否则，我们的努力就都白费了。领队蒂姆看见对面有一座老房子。他牵出了一根延长电线拉到了老房子那里，我们则希望房子的主人能够同意我们用他家的电。蒂姆按了门铃，但是没有回应。他又接着按了很多次。这是我们唯一的希望了。所有的人都在等待，我们的成员都急不可耐地想要为大家表演，为我们的朋友用心歌唱。等了几分钟后，蒂姆围着房子转了一圈，发现有一扇门是开着的。他推开了门，看到门旁边有一个插座。他将线插进了插座，然后跑回来开始表演。

大家都玩得很开心，我们的表演也深受好评。仿佛有一股不可否认的能量在空气中流动，所有人都因为表演而异常激动，命运在那天夜里发生了改变。

表演结束后，一位居住在附近的当地人注意到了我们遇到的问题，他问蒂姆是如何解决的。蒂姆指了指对面的老房子。这个当地人说，这座房子已经很多年没有人住了，根本不可能有电。这真是个奇迹，没有其他合理的解释可以说清楚这个情况。

如果我们允许自己见证事物的神圣秩序，我们每天都可以看到奇迹发生，可能不是用霓虹灯拯救生命式的奇迹，但是，对于一个精神协调的人来说，这些奇迹以及与生命的连接都是意义巨大的事情。这是神性连接了你我的体现。

平静

我们都想要获得平静，但是多数人都找错了地方。它不在我们的思维中。我们总是想起“内心的平静”这个说法，但是我们不能依靠思维给予我们灵魂想要的平静，思维渴望获得关注，但是，如果我们对思维的每一个想法都予以回应，那么就根本没有稳定或平静可言了。当然，我们都具有处理问题和获得平静的能力，但是，我们必须学会驾驭和利用本源提供的能量，这股能量将我们与存在连接，而每个人都可以获得这样的平静。

与灵魂连接才有可能获得真正的平静。平静是一种深层次的情绪，它是我们走向超脱的进身之阶。持久的平静并不存在于我们的身体、思维或者内心中。真正的平静缘自灵魂和神圣的能量的连接。

平静不是被动的。

当你处于“平静”的状态时，你就会与灵魂的本质相遇，它的存在超越了世界的真实。平静高于其他一切情绪。它是你相信大计划的保证，让你在困难的时候在灵魂之处休憩。平静的时候，我们就好像身处一处美丽的地方，它让我们想起了家。

我们并不都是依靠决定来获得平静；必须经过寻找和培育才能获得它。平静与被动完全没有关系，它需要练习、觉知以及投入，才能在真正的平静中体验引领的滋味。不要做那只羊，而要成为牧羊人。

平静与追寻无关，与行动有关。只有充分地与经验、情绪以及灵魂连接，我们才能获得平静。它在每次呼吸之间给予了我们协商的空间，让我们决定如何处理呼吸的能量。平静与懒惰也完全没有关系。获得平静需要付出艰苦的努力，这是极其勇敢的举动。在背负着痛苦的同时，说出自己的感受，保持内心的脆弱，相信未知，你这么做很有勇气。

平静需要你与灵魂以及神圣的追求相连接。它要求你对自己的情绪负责，不要推卸责任。平静依靠你对大计划和造物主的信心。在追寻平静的路上，我们投入理解、同情以及宽恕，进而获得了鼓励，而获得平静是我们情绪疗愈的动力。

我们的精神渴望平静。一旦你意识到平静来自与灵魂的连接，你就不会被思维控制了。通过处理情绪，你的内心与灵魂取得了一致，于是你就可以体验到更多的平静。

> 没有通向和平的道路，因为和平就是道路本身。
>
> ——甘地

平静与中性也没有关系；它是一种激进的生活方式。追求这种生活方式是很有勇气的，它可以给你的生活带来新的一面。平静是信心的能量、力量的美好，以及觉醒的光辉。各大公司通过在广告中使用这些意象来抓住平静的、高尚的生活的本质。他们明白消费者渴望拥有这样卓越的生活。

祈祷与冥想

对更大的善来说，你的灵魂是一种愿望、一股能量、一种投入。祈祷与冥想是建立和维持与更高层次的力量以及对集体意识责任之间的健康关系的关键。当你祈祷、反思或冥想的时候，你与灵魂的声音更加一致，与他人和造物主的连接更加紧密。

我们祈祷和冥想是为了尊重自己真正的本质和造物主，并与它们进行连接，而并不是对自己或他人进行评判。我听到人们会根据信仰而对他人进行归类。“她是我见过的最棒的基督徒。”“他十分注重精神生活，每天都会冥想。”人们还会根据一个人所做的好事对这个人进行评价，或者对他人的生活方式进行评价。没有什么比评价信仰更分裂的了。祈祷与冥想是充满精神的体验，是非常私人的行为，只有你知道通往自我关爱的道路。

有很多处于神圣秩序中的事物是我们无法理解和控制的，处于神圣秩序中的信念就需要屈服于更高的力量。这并不意味着我们应该处于被动。如果相信神圣的秩序，你就必须是生活的参与者，而不只是希望“宇宙”将下一份工作、关系或者收入送到你手中。在相信神圣秩序的同时，不论好与坏，我们接纳每一份生命体验原本的样子。于是，我们与远大于自身的东西进行了连接。

多数人只有在遭遇困难、疾病、损失或者其他个人危机的时候祈祷。我们的社会似乎可以接受这种应急式祈祷，但是公众对日常祈祷就没那么包容了。我们每个人都是自由的，但是最好是在私下展示自己的精神信仰。祈祷行为在学校、工作场合以及主流媒体中都下降了。在工作场合，你可能有吸烟的休息时间，但不太可能有冥想的时间。对精神生活态度坚定、保持专注需要我们对自己的信念态度坚定、保持专注。

> 祈祷不是要求，而是灵魂上的渴望。它是我们每天对缺点的坦白。祈祷的时候，无言而用心的祈祷比不用心的言语要虔诚得多。
>
> ——圣雄甘地

如果从神秘主义视角看待生活，人们通常会更加信任直觉或心灵感应能力，甚至会希望每天都能发生奇迹。而对此心怀恐惧的人则只是害怕与最高的本质连接，拥有直觉、打开最高的精神智慧不应该与任何信仰对立。上述误解是割裂与神圣相连的另一种方式。这并不是说我们都拥有上帝的力量，但我们确实拥有造物主赐予我们的判断力，其中就包括精神智慧。

情绪训练

祈祷：试试这项谦卑的练习。不论你的精神信仰是什么，请允许自己顺从于宇宙的更大能量。祈祷没有什么秘密的方式。打开心扉进行分享就好。打开思维去倾听，从存在的最深处发声，相信自己是被听到的、是被爱的。坐下来，静静地沉思，觉察自己的想法和情绪，相信自己受到了神圣的指引。试着与更高层次的意识所分享的能量进行连接，与内心进行对话。你需要什么？你渴望什么？什么困扰着你的思维或身体？为自己的需求得到满足而心怀感恩和谢意。

如果我们恐惧指引的力量，我们就找到了不去疗愈内心冲突的借口。换句话说，我们会继续责怪世界或上帝，或者由于出现了慰藉、好运的迹象而感谢世界或上帝。我们将自己的内在体验投射给了更高的力量，而没有对生活中的痛苦或问题承担责任。例如，如果我们相信事出有因，或者将我们的生活臣服于上帝的意志，那么我们就有了一个保障体系，允许我们可以不必面对生活中那些讨厌的方面。这将阻碍我们进行疗愈、自我关爱和精神发展。所有的事情都有其神圣的秩序，但是神圣秩序的部分作用是满足你与灵魂充分连接的需要。上帝的意志不是让你遭受痛苦的。我认为，上帝的意志是让你处理痛苦，以便与神圣的本质更加接近。

顶轮出现失衡是很常见的。通常，我的客户出现这类问题的原因是他们没有在成年的时候找到自己的信仰。对他们中的一部分人来说，从小被迫接受某种宗教信仰，长大后就对这种信仰产生了怨恨或不信任。有些客户说，他们在教会营地有过不愉快的经验，有的是因为当同学来家做客时，他们嬉皮士的父母在唱诵、冥想，他们为此感到难堪；而有的客户则是完全没有信仰，他们有一种与灵魂深处失去连接的模糊感觉。

承认自己的精神信仰非常重要。即使你的信仰与父母或他人的不一样，你仍然可以以自己的方式进行连接。可能你的信仰并没有一个官方的名称，但是你可以命名它。如果你没有精神生活，那么你就失去了与自然、他人以及灵魂和谐相处的机会。

那股更高的力量与所有事情都是连接的，也是它指引了你所有的体验，不要小看这个事实。越来越多的人承认自己有一个模糊的精神信仰。出于我们过去对宗教怀有的痛苦或愤怒，许多人现在都采用了“精神”这个标签，或者向“宇宙”祷告。我请你用心仔细寻找，带着宽恕、爱和直觉宣告自己真正的精神信仰。

我是基督教神秘主义者。精神传统能给予我慰藉，我将几个传统融合在一起，构成了我信仰的基础。我已经数不清自己走过多少次拯救灵魂的道路了。对我来说，洗礼的象征意义和仪式意义重大。复活的慈悲和力量引起了我内心的回响。它让我相信，我可以浴火重生，永远被爱。

我还练习其他的精神传统。美国原住民的古代仪式帮助我接地、与大地连接。我将这些仪式融入生活，并每日坚持练习。诸如瑜伽、冥想和唱诵等印度传统让我与自己的能量系统、生命以及身体健康深度连接。能量系统的基础以及身心的健康就是我工作的准则。中医和老子的哲学思想给我提供了健康的概念，帮助我恢复身心健康。我研读了神秘主义者留下的精神文本以及各种哲学思想。我相信存在着一个本源，有各种不同的方式让这个更高的能量指引我们。所以，找到适合自己的信仰体系非常重要。它能帮助你平衡身体和整个能量系统。

觉醒与超脱

精神觉醒和超脱是很多人的目标。我们被教导，如果能够让思维自由，摆脱依恋，放下悲伤、恐惧和愤怒，我们就能实现超脱。然而，超脱并不受条条框框的限制，与我们的灵魂保持一致就能实现真正的超脱；按照自己本质生活，接受情绪性加工，就可能实现自我关爱。爱的能量允许我们体验幸福、直觉、宽恕、同情以及平静。

拥有完美的性格是不可能的。思维也不可能没有心理活动。我们也不可能自发地变为像上帝一般的存在，即使没有生活必需品也可以生活。但是，我们可以接受神圣的指引和内在智慧的激发，它会把我们引向觉醒和自我关爱。

最近，我被邀请到一家社区的酒吧进行脉轮解读。要知道疗愈师在酒吧中是十分受欢迎的！一位名叫苏的女子告诉我她的工作压力巨大。通过使用手和钟摆，我迅速地打量了她，发现她的顶轮被堵塞了，眉心轮过于活跃，太阳轮出现了失衡。她在面对工作时会出现自我怀疑。一味地担心让她倍感压力。我问她是否习练了冥想或是其他的修行方式，她胡乱地给了我一个答案。她之前一直仅靠脑力来控制自己的世界。她在控制想法方面遇到了困难，但是又不愿从更高的力量那里寻求指引。

苏担心自己刚刚建立的事业会失败。这是她梦想成立的企业，自己投入了全部的热情，一直在积极地行动。开始的时候，她遵循了更高自我的鼓励，但是，在工作期间，她开始怀疑自己梦想的真实性，一味地忧虑。她想解决这些问题，但是并没有什么效果。不想面对失败，她想放弃不干了。

当波浪意识到自己是大海的时候，超脱就实现了。

——一行禅师

如果我们由于自尊和思维而得意忘形，我们就会开始认为自己可以通过想法和注意力解决所有事情，于是，我们不再依靠本源。我们忘记了倾听更高的自我，忘记了信任神圣的指引。我们越是忙碌，祈祷与冥想的作用就越被我们所忽视。我们仅仅依赖思维，会让我们更轻易地与真正的自我失去连接。如果事情进展得不顺利，我们会变得迷茫，因为我们失去了连接，无法接触到真正的资源。我们与灵魂失去了连接，听不到深层的智慧就像是火花四溅的坏掉的电路，无法正常工作一样。失去连接是情绪加工各个方面都会遇到的问题，但是就灵性来讲，这个问题尤其严重。

我鼓励苏与比思维更伟大的东西——本源——进行连接。她开始在酒吧中大哭，因为她知道自己失去了连接，想念与更高力量的关系。她觉得缺乏精神连接就像是失去了一位家人。我们很难解释灵魂与自己的沟通方式，但是这将是我们遇到的最紧密的连接了。从此，你学会了连接、信任、放松和接受指引。因此，有意识地与更高力量的连接就是思维和内心的一次冥想。灵魂指引着我们走向幸福之路。

当你准备好的时候，精神觉醒就会发生，而不是在环境合适的时候。

有些人用觉醒和超脱来评判智慧和纯洁。这是为了“正确”、变得更好或者是想去其他地方的表现，而不是满足于当下。“正确”是自尊的目标，而不是内心的自然选择。前者基于评判和低自我价值；评判基于恐惧；分裂也基于恐惧。接纳基于爱，而爱让一切自由。当我们不断成长、变得成熟时，我们意识到，如果我们越能接受缺陷，就越有可能实现觉醒。

我曾经用一句祈祷文来提醒自己缺陷的价值：

请帮我避免完美。在我通往幸福的路上没有完美的位置。

就精神进化而言，没有哪里比当下更好或更正确的了。没有什么可以评判你的价值；你的价值是独立的。对完美的追求仅仅是被恐惧吓到不敢行动的借口。我们知道自己无法实现完美，所以一心去追逐眼前晃来晃去的“胡萝卜”，从而干扰了我们实现疗愈的目标。

人们很努力地去掌握这些概念，同时也很容易在学习的路上失衡。思维试图控制灵魂之旅。思维告诉我们，要做到自我实现，获得超脱世俗极乐、涅槃体验，我们必须非常努力地去做善事，校正不当的行为。思维还诱惑我们，如果体验了这些精神状态，我们会过上更好的生活。真相是，觉悟和超脱不会在矫饰的迎接中到来，不会有小号或者聚会来庆祝这一伟大的时刻。事实上，它们到来的时候通常都不是一个重大的时刻，而是在情绪和精神工作的作用下，一种缓慢而渐进的生活方式。

觉醒是内心平静和获得疗愈的副产品。它与你的财富、匮乏以及进行了多少小时的冥想没有关系。你无法凭借财富获得觉醒和超脱，而遵循神圣的智慧才有可能获得精神觉醒。

有一天，我开车行驶在一条繁华的街道上，那是一个文化多元的社区，我经常经过这里。人行道上满是垃圾，人们匆匆忙忙地穿梭于加油站、轮胎店、电子产品修理商店以及街角的超市。我就生活在这繁华大都市的一个普通郊区。我的觉醒就是在第五大街与街角的小杂货店之间发生的。这是一次强有力的觉醒体验。我的思维是失重的，我的心像爆炸了一样，我感觉灵魂将我升到了另一个维度。我从未体验过如此的快乐、连接以及对世界的理解。在那短短的几分钟里，生命中发生的一切全都是合情合理的。生活是真实的，我觉得自己是活着的、自由的，完全处于平静之中。世界处于神圣的秩序中，一切都是完美的。生活就像 3D 电影一样展开，我感受到了深深的愉悦和快乐。我穿过了世界的假象，在一个未知的维度中待了几分钟。这是我一生中最开心的时刻。

那天我并没有计划完成什么伟大的事情，但是，经过多年的疗愈和自我成长，我的潜意识已经准备好迎接它了，周围的环境与我的觉醒没有关系。街道上满是垃圾，天空也是灰色的。在一个普通的日子里，我开着一辆普通的车行驶在繁忙的城市中。但是，我的内心和精神已经准备好与灵魂连接了，让我得以有一个全新的视角观察生活。

我想提醒你不要忘记生活中无限的可能性。随着内心的不断疗愈，你正在大步迈向高尚的、连接的、平静的生活。自我关爱的各种表现也可能以觉醒的方式体现出来。很多人都在追寻幸福和平静的路上走错了方向。我们努力将这种体验融入思维和情绪，希望它能带来整体的改变，变得“更加超越世俗”。虽然你无法成为“精神”，但是，只要你越来越活出人的样子，你就可以变得“更加超越世俗”。你可以与灵魂和精神充分连接。

你今天或者现在需要做什么？接地、接纳、觉知还是遵从内心？当下是觉醒和获得幸福的最佳时机。

情绪训练

灵气疗法：诸如灵气疗法的能量疗愈是让能量系统和身体保持平衡的很不错的方式。这是一种传自日本的疗愈方式，用来放松和恢复身心健康。通过注入带有爱意、具有疗愈作用的能量，使全身的能量开始积极流动，这项需要亲自动手的技艺可以平衡各个脉轮。灵气疗法好比是对能量系统做按摩。

迈克尔刚搬到这里，他来 Modern Sage 咨询有关冥想的事情。在我们会面开始后的几分钟里，他就说出了自己的情绪危机。迈克尔一生都在遭受虐待，先是他的父亲，后是他最近离开的女人。婚姻破裂导致他精神崩溃，身无分文，与儿子关系疏远。在我们的谈话中，我在他的眼睛里看到了恐惧和绝望。迈克尔现在处于人生的关口，离婚逼迫他面对自己的灵魂。他的生命将会枯萎还是盛开？

迈克尔四十五岁了，有一副电影明星的长相。他在曼哈顿的科技行业工作。从外表来看，他与这座城市的其他五百万赶时髦的人一样；而从内在来看，他是一个绝望的、充满恐惧的男孩。

迈克尔的父亲从语言上、情感上以及生理上虐待他。迈克尔还有四个兄弟姐妹，但他总是那个被吼叫的对象，他被叫作“漂亮的男孩”，被认为是一无是处的“讨厌鬼”。他的爸爸会把他和漂亮的妹妹一起带到位于皇后区地下肮脏的摄影棚。他和妹妹会被人占便宜，而这得到了他爸爸的允许。迈克尔被要求保守这个秘密。

很多个夜晚，迈克尔上床睡觉的时候总是饿着肚子，因为家里没有足够的钱去买食物。当家人睡着的时候，他会去垃圾桶找吃的。他会吃干净剩饭的油水和残渣，吸吮炖肉的汤汁，以便在上床前充饥。当他再大一点儿的时候，他发现爸爸有一些很烧钱的爱好，包括车库中高端的摄影器材、航空模型以及特制车，这让他很困惑。

迈克尔和他的兄弟姐妹们不仅都吃不饱饭，而且他在其他方面同样饥饿。他从没有得到过教育，他不被允许去探索生活或追逐自己的梦想。他甚至被禁止离开纽约。

长大以后，迈克尔开始怨恨爸爸的虐待行为。但是，出于羞愧，他又认为自己活该被虐待，他甚至下意识地给自己受虐的情形进行了分类——有些是证实自己毫无价值的；有些是他可以忍受的。他所接触的关系和工作都是加强了他认为自己不够好的想法。他越是想取悦他人，就越是感到羞愧。迈克尔的行为总是让施虐者开心。他当时仅仅是还活着而已。

他在创伤后应激障碍（PTSD）互助小组中学到了一句话：施虐者教会你如何虐待自己。他没有意识到自己多数时候都在践行这句话。

结婚后，迈克尔开始找工作了。由于他在高科技方面的天赋以及英俊的外表，他在一家很大的传媒公司找到了工作。他在这家公司里结识了一位改变了他命运的同事——亚当。亚当看出了迈克尔的才华和技能；他会被迈克尔讲的笑话逗乐；一天下班后，他带迈克尔去了卡拉OK。迈克尔非常喜欢这项活动。他们一起做着普通的事情，迈克尔第一次学会了信任别人。在认识亚当之前，迈克尔认为，让他人喜欢自己的唯一办法就是放弃一切。为此，他放弃了自己的骄傲、意志和梦想。受到关爱和正面的关注对他来说是一种全新的体验。他和亚当的友谊成为他疗愈的第一步。

了解了迈克尔的经历和自暴自弃的行为后，亚当说出了他看到的迈克尔生活中的虐待行为。在得知迈克尔的妻子及其家庭是如何对待他的，亚当感到十分震惊，并鼓励他离开妻子。亚当了解到迈克尔妻子的父亲控制欲极强，爱操控他人，还与黑手党有关。他强迫迈克尔做"最有利于"家庭的事情，并服从妻子的管教。迈克尔的妻子每周只给他少量的零用钱用于吃饭和出行，给的钱还不够一个孩子买午餐的。鉴于自己的成长经历，迈克尔没有意识到这有什么问题。他的妻子总是批评他的一切——他的笑容、才华以及智力，好像她的目标就是用低级的幽默嘲笑他人，就像她的黑手党父亲一样。迈克尔再也忍受不下去了。

离开妻子后，迈克尔感受到了一种新的焦虑。随着婚姻的结束，妻子的虐待和控制也结束了，这打破了迈克尔已知的模式。他不知道如何像一个正常人生活，新的焦虑让他的工作也出现了问题。因为他激烈地斥责了同事，他被解雇了，但是，失业反而让他看到了一线希望。

几天后，迈克尔在电话交谈中就得到了一份新的工作。这让他了解到自己的简历比他想象的要好，他的技能在这个行业中很有价值。在电话中被雇佣证实了他之所以可以存活于世界，不仅仅是因为他有着英俊的外表。在新的工作中，他发现有更多的人欣赏他的才华和个性。迈克尔逐渐建立了自信。

他变得更加自信了，他知道自己需要找到安全感和平静，否则就会完全失去自我。如果他可以彻底离开这段充满虐待的婚姻，那么他还有机会体验平静。他希望自己最终死在上帝的恩典中，而不是当前地狱般的牢笼里。

迈克尔离开了他的妻子，他没有带走衣服和装有工作文件的五台笔记本电脑，所有的财产他都不要了。他失去了妻子和儿子，失去了除灵魂外的一切东西。

鉴于他妻子的父亲与黑手党有关，迈克尔做出这个决定并不容易。几个月以来，他非常担心自己的生命安全。然而，他确信离开妻子是正确的决定，尽管他需要面对经济上的拮据，每天都要担惊受怕，但灵魂是他最终的资本。

迈克尔在另一个州开始了新的生活，并逐渐恢复了精神。他参加了冥想课程、互助小组、PTSD 治疗和其他各种情绪疗愈活动，从而找回了生活，找回了自我，找到了幸福。

成年的迈克尔发现了自我意志，认为生活不仅仅是生存。他学会了设置界限，学会了在适当的时候对同事和朋友说

"不"；他发现即使自己这样做了，还是被大家接受的。他意识到自己的世界除了痛苦，还存在着善意和自由。迈克尔意识到了价值、自我关爱以及理解。当他活在当下、把握了情绪、走过了灵魂之旅后，他发现每一天平静和清晰都更真实了。这就是超脱。

我们不可能一次性就实现精神觉醒和超脱。同疗愈一样，觉醒需要一个过程，觉醒不是追逐目标，也不是对我们的经历进行评判。它并不是人生中值得庆祝的一件大事。觉醒和超脱非常重要，但是，二者又是私人的，是内心与灵魂一致时产生的体验。通过情绪疗愈和正念练习，我们可以实现觉醒和超脱。

思维可以创造出无数的假象，因此不被这些虚伪的诺言欺骗非常重要。自由和幸福源自内心。尊重经验，利用能量来加固你的生活，我们从而越来越接近真相。正是痛苦才让疗愈成为可能，困难让你更加坚强；而不是因为没有困难你才坚强。投入时间和能量来处理和关照情绪，在面对生命的奇迹和神圣的秩序时保持谦卑。这是勇气、爱与同情的力量。这是超脱，是平静。

冥想

找到一个舒适的姿势，闭上眼睛。将注意力放在鼻尖，吸气时关注凉爽的空气进入鼻腔，呼气时关注温热的空气呼出。保持轻松、自由的呼吸。反复唱诵“我是光”。吸气时对自己说“我是”，呼气时说“光”。重复几次。不要加快呼吸的节奏；保持匀速、轻柔的呼吸。下次吸气时，想象自己的身体被缓缓抬起，仿佛自己坐在热气球上。每次吸气都会再上升一点，每次呼气，放松、平静地保持这个姿势不动，好像自己在飘浮一样。吸气时上升，呼气时不动，飘浮。你心中没有恐惧，只有平静和与自然的连接。你感觉自己与宇宙是一体的。吸气，想象自己上升得更高了。你是光，没有重量，没有痛苦，也没有忧愁。在观看四周广阔的空间时，你的视野也变宽了。最后，你飘得如此之高，足可以看见所有的大陆和水域，甚至看到了地球。呼吸，唱诵“我是光”。飘浮至自己觉得舒服的地方停留，保持几个呼吸，观察、欣赏自己来到的地方。打开思维，保持平静。当你准备好停止冥想时，在每次呼气的时候缓缓下降。慢慢地回归身体，利用感官将自己的意识带回。留给自己足够的时间适应当下，下次吸气时，轻轻地睁开眼睛。

结 论

我们只是在陪彼此回家。

——拉姆·达斯

在成长的过程中，我们收获了不少的瑕疵、缺陷和伤疤。在经历了种种事件后，如果我们可以接纳情绪，并将与情绪相处的经验融入生活，那么就可以实现疗愈和幸福。平静不会主动降临的，我必须努力与灵魂连接。在痛苦与煎熬的动荡束缚中，要活在当下是非常具有挑战性的，但是，我挺过来了，那么你也可以。这是实现疗愈的真正道路。

生命中的每次体验都是精神进化的一部分。有时候，我们遭受的悲伤和痛苦看似是没有理由的或解释不通的。我并不认为上帝的意志在于伤害我们，而是让我们体验光荣的充盈。在达到爱与同情的高度之前，我们首先需要走完悲伤和痛苦的道路。我们可以选择不去面对让我们绝望的事件，也可以选择尊重上帝鼓励我们超越的赐予。

我写这本书的目的旨在激励你去探索和表达真实自我的深度。通往内心的道路就是疗愈之路。进行疗愈、为爱冒险、对自己的幸福负责以及拥抱过去，这些都需要勇气。为自己追求最高的善感到骄傲。这是自我关爱的写照。

在你之后的生活中或经历下一次挣扎的时候，连接、接纳和心灵绘图的核心原则都可以反复使用。正是经过了情绪的处理过程，你才可以将恐惧转化为行动和平静。请牢记：疗愈是一段没有终点的旅程。它是过程，而不是终点。

生活并不容易，但是，通过我们发现自我真正的本质并真实地生活，它变得更有意义了。努力成为力量的支柱，而非负面想法和能量的捍卫者。不要相信思维编织出的假象。你的灵魂才是实在的。尊重内心，听从它的指引，你会收获自由。在挣扎的无数个瞬间采取行动，关注自己的情绪。每一次的呼吸和行动都是迈向情绪健康的一步。

你并不软弱，不应该躲在恐惧之后。力量和爱是你与生俱来的东西。软弱缘自你与灵魂的分离，原因是我们相信了思维的错误观念，以及他人对我们的负面灌输。我们怀着疗愈和幸福的目的前行，因此，与内在的智慧保持连接并接受本源的指引是非常重要的。我们需要倾听自己的内心、灵魂和内在智慧，以体验我们渴望的生活。连接带来疗愈和完整。断开连接导致破碎的思考、恐惧、焦虑以及幻灭。生活的美妙之处在于，不论你的年龄、收入以及生活境况是怎样的，你都可以在任何时刻找到重新构建基础的机会。

了解神圣的指引与愿望思维之间的差异非常困难。我认为，由于思维和内心受阻，我们错过了发生在生活中的很多奇迹。

我希望你可以拥抱神圣指引的神秘可能性，我也要勇敢地跟随灵魂和更高力量的呼唤。我有帮助他人的热情，但是，这并不是我写这本书的唯一动力，我受到了难以解释的沟通的指引，是有一个声音，先是在我的梦里，然后在我冥想的时候告诉我的。不论我如何反抗，我都无法忽视它传达的信息。当我踉踉跄跄地开始行动后，受到了这个声音的鼓动和他人的鼓励，我才将自己的想法写在了纸上。

一天晚上，我在睡觉的时候听到了一个声音。声音出现在梦里，但是看不到谁在发声。那个清晰的声音就是从我的眼皮下面传出来的。声音很中性，听不出是男是女；否则，这也就没有什么可奇怪的了。我在此前从未听过这个声音，它说道："由你来继续完成约翰·列侬的工作。"我在梦中问道："你指的是和平与爱吗？"那个声音回答："不止于此。"我突然醒了过来，想知道这到底是怎么回事。这事挺奇怪的。

这个梦传达的信息让我措手不及。我和约翰·列侬没有一点关系，我也没有打算完成他传播和平的目标。我把这个梦抛在了脑后，继续完成我的工作，只是隐隐觉得自己有一天会写一本有关疗愈的书。

六个多月后，我开始制订关于写书的计划。我发现自己多次援引了自我关爱和平静——它们是情绪疗愈的副产品——由于出现的次数较多，它们还构成了副标题。一天下午，我坐在自己家的岩石庭园中写作，面朝着纽约的天际线，突然就想起了那天做的梦。我笑了，因为我意识到自己的写作与约翰·列侬更伟大的和平运动之间的关系了。我觉得自己是在以不同的方式传递和平的能量。

几个月后，我参加了曼哈顿的一个冥想活动。那是一间很大的房子，我坐在垫子上，四周全都是陌生人，大家一片安静。这次冥想没有人引导，人们可以根据自己的时间安排冥想。我通常喜欢在家冥想，除非自己是在教授有关冥想的知识，或者是在 Modern Sage 参加小组活动；但是，就在这个晚上，我想有一次新的体验。在我进入冥想还不到五分钟时，我听到了一个声音，仿佛发声的人就坐在我旁边。这个声音与上次梦中的声音不同，虽然还是听不出是男是女，但是它的信息却是更加确定的。声音如此清晰，我简直不敢相信自己的耳朵。为了保存这条信息，我小心翼翼地掏出了手机，一字不差地记录了下来。这次经历好像是我在和另一个维度的对讲机沟通，内容关于我的生活的具体信息。

这次沟通的基本内容是，那个声音说我是灵魂向导，我是来帮助他人疗愈和面对真实的自我的。我个人的经历让我对支持大众做好了准备。我勇敢地站出来分享自己的故事，从而让大家更好地理解他们自己。那个声音警告我，有些人可能会不喜欢我的工作，会将我拒之门外，但是我应该对他们的反应表示理解和接受。它鼓励我继续活在当下，去帮助那些想要疗愈的人。它还让我尽可能地保持开放、明晰的态度，并将神圣的指引融入我的语言中。

我仍然不知道这个声音是由谁发出的，我立刻站了起来，与朋友分享了这次经历。这次对话点燃了我内心的火焰，一种新的渴望促使我去写这本书。这似乎是我使命的一部分。

我很感激这个声音给我的指引。它让我在疗愈的路上无所畏惧，并帮助他人意识到他们对疗愈的需求。我再也不需要躲藏在恐惧之后了，我得充分利用这次对话、个人生活经验的智慧以及深入的研究来造福社会。

我认为我们都是灵魂向导，总有一个声音会向我们传达信息和给予我们指引。这是你的使命，你的责任，你的目标。为了实现这个目标，你必须突破情绪痛苦的束缚，接纳和尊重所有的体验。

我们每一个人都肩负了去爱、去指引、去扶持他人的责任。可以为他人所用，能够促进个人成长，并允许我们真诚地帮助他人。情绪疗愈可以让我们自己、邻居、朋友以及家人都能受益。我们的爱人需要我们成为他们疗愈的榜样从而让他们受到鼓励。我相信，能够为他人提供指引既是我们的荣幸，也是我们的责任，这将激励我们继续自我成长。

生活不会一成不变的，它会分解和转化，也会发展和超越。我们的身体会随着年龄的增长而衰老，并最终成为来世的能量。但是，我们的心却可以不断生长和发展，直到我们与灵魂真正的本质相遇。觉醒和超脱的一部分意义就在于实现这个更高的目标，没有什么比与他人一起心怀爱意，共同完成这次旅行更伟大的了。

我鼓励你密切关注疗愈的过程。对自我和灵魂的投入都是值得的，它们会带来切实的好处。不要对冷漠的一潭死水般的能量无动于衷，而只是等待着头顶上的乌云自行散去。积极投入疗愈，平静不会自动来临。我们需要投入才能与灵魂保持一致，我们需要接纳才能打开心扉，我们需要信任才能超越思维的恐惧进而实现自由。经过不断的实践，你会实现自我关爱和内心平静。

愿上帝在旅途中保佑你们。爱你们！

图书在版编目（CIP）数据

无所畏惧：如何实现情绪疗愈和内心平静 /（美）蕾雅·盖伊著；孙静静译. —北京：中国工人出版社，2018.6
书名原文：Fearless way to emotional healing
ISBN 978-7-5008-7015-9

Ⅰ. ①无…　Ⅱ. ①蕾…　②孙…　Ⅲ. ①情绪—自我控制—通俗读物
Ⅳ. ①B842.6-49

中国版本图书馆CIP数据核字（2018）第136653号

著作合同登记号：图字 01-2017-3606

无所畏惧：如何实现情绪疗愈和内心平静

出 版 人	芮宗金
责任编辑	杨博惠
责任校对	董春娜
责任印制	黄　丽
出版发行	中国工人出版社
地　　址	北京市东城区鼓楼外大街45号　邮编：100120
网　　址	http://www.wp-china.com
电　　话	（010）62005043（总编室） （010）62005039（出版物流部） （010）62379038（社科文艺分社）
发行热线	（010）62005049　（010）62005042（传真）
经　　销	各地书店
印　　刷	三河市文通印刷包装有限公司
开　　本	880毫米×1230毫米　1/32
印　　张	7.5
字　　数	152千字
版　　次	2018 年 8 月第 1 版　2018 年 8 月第 1 次印刷
定　　价	39.80元